# 人生で大事なことは
# みんな
# ゴリラから
# 教わった

山極寿一

# はじめに

今、わたしたちの暮《く》らしはとてもいそがしくなっている。それは世の中にたくさんの情報《じょうほう》があふれていて、それを取り込《こ》もうとして人々がいつもスマホやインターネットに向かい合っているからだ。まるで人とつきあうことはそっちのけで、スマホとばかりつきあっているように見える。

でも、そんなにたくさんの情報を集めても、たくさんの人と仲よくなれるわけではない。む

しろ、まだ顔も知らない人から相談をもちかけられたり、いろんな誘《さそ》いがあったりして、目の前のことができなくなる。さまざまな情報が乱《みだ》れ飛ぶので、なにを信用していいかわからなくなり、不安にかられる。知らない人からやっていることを非難《ひなん》されたり、自分の行動をどこかでだれかが見ているような気がして不安になり、落ち着かなくなる。

今の世の中には、知りたいこと、知らなくてはいけないこと、やってみたいこと、やらなくてはいけないこと、が満ちあふれているような気がする。でも、ほんとうにそうだろうか。そんなにたくさんのことを知る必要もないし、すべてをやらなくてもいいんじゃあないだろうか。ほんとうに自分が知りたいこと、やりたいことはなんなのか、じっくり考えてみたいと思う。

それにはまず、自分が何者なのかを知る必要がある。人間はこの地球に暮らす生き物の一つだ。情報は変わらないけれど、生き物はつねに成長して変わっていく。今日の自分は昨日《きのう》の自分ではないし、明日もちがった自分になるはずだ。好みも変わるし、友達との関係も変わる。そのなかで、自分というものを保《たも》ち続けるのはなかなか難《むずか》しいことなのだ。

なぜなら、人間は自分を自分だけではつくれない。それは自分の顔を自分で見ることができないこととといっしょだ。鏡に映《うつ》った自分を見て、ああこんな姿《すがた》なのかと納得《なっとく》することはできても、他人の目に映る自分の姿はその瞬間《しゅんかん》には見えない。だから、自分とはなにかを理解《りかい》するには、他人の反応《はんのう》を見る必要がある。逆《ぎゃく》に、わたしたちは他人の顔も姿もはっきりと見ることができる。だから、他人の表情やしぐさによって、ああこれが怒《おこ》るということか、悲しいという表情か、と納得することができる。そして、そんな表情やしぐさを自分もしているということを、他人の反応によって知ることができるのだ。

いつのころか、人間はそんな表情や行動を言葉で表現するようになった。悲しい、うれしい、つらい、こわい、といった感情を言葉で表し、それをみんなで共有できるようになった。今、それが情報になってスマホやインターネットにあふれているのである。でも、それは本来直接《ちょくせつ》会って感じるものだと思う。言葉は世界で起こるいろいろな出来事を抽象《ちゅうしょう》化《か》し、簡潔《かんけつ》に伝えるための道具だ。だからこそ、わたしたちは会うことができない遠くにいても、もはやこの世に存在《そんざい》しない過去《かこ》の人々の声であっても、そのメッセージを伝え聞くことができるのである。でも、言葉は情報にはならないものをたくさんそぎ落としている。たとえば、怒《いか》りや悲しみにはいくつもの種類や程度《ていど》の差があるのに、それは言葉ではなかなか表現できない。怒っているように見えても、ほんとうはだれかに助けてもらいたがっていたり、けんか腰《ごし》に見えても仲直りしたがっているような態度《たいど》は、その場に居合《いあ》わせなければ理解することが難しい。

しかも、人間は人間だけで暮らしているわけではない。虫や鳥や動物と、植物とだってさまざまにつきあいながら日々の暮らしを豊《ゆた》かにしている。言葉を使わずに、イヌやネコと、ときには植木鉢《ばち》の花と会話をすることもある。それはたがいに生き物だからこそ、感じ合うことのできるコミュニケーションなのである。そして、人間が自分を他人の反応によって自覚するように、人間はほかの生き物の反応によっても人間であることを意識《いしき》できるのだ。とくに、人間とはいったい何者であるかを知るためには、人間以外の生き物とつきあってみる必要がある。ネコを定義するためにはネコ以外の動物を知らなければならないように、人間を定義するためには人間との境界域《きょうかいいき》にいる動物を知ることが不可欠《ふかけつ》になる。

そこでわたしは、ゴリラの国に留学《りゅうがく》することにした。ゴリラはチンパンジーとともに人間にもっとも近縁《きんえん》な動物である。五感もよく似《に》ているし、知能《ちのう》も高い。体の大きさが人間の2倍以上もあり、アフリカの熱帯雨林、すなわちジャングルにしか暮らしていないところがわたしたちと異《こと》なる。でも、人間の祖先《そせん》もずっと昔はこのジャングルで暮らしていたわけだし、いまだにジャングルで暮らしている人々もいる。ジャングルには、地球の陸上でもっともたくさんの生物が共存していて、今わたしたちがいろんな生物と会話できるのもジャングルでつちかった能力のゆえかもしれない。

情報があふれ、情報に頼《たよ》り、人間同士やほかの生き物たちとの触《ふ》れ合いが少なくなった現代に、せっかく育てた人間のコミュニケーション能力を復活《ふっかつ》させることが必要なのではないか。そして、人間以外の生き物から現代の人間がどう映っているかを知ることによって、生き物としての人間のあり方を理解し直す必要があるのではないか。そう考えるようになった。

ゴリラを知ることは、人間をよりよく理解することにつながる。アフリカのジャングルは人間の過去の暮らしをのぞく窓《まど》かもしれない。そう思って、わたしはアフリカに旅立った。それから40年以上にわたって、野生のゴリラとその生息地の人々とつきあってきた。今、思い返してみると、いろんなことがあった。アフリカのジャングルに初めて足を踏《ふ》み入れた経験《けいけん》、ゴリラとの対面、そしてジャングルで暮らす人々といっしょに過《す》ごした日々。もちろん、わたしはずっとアフリカにいたわけではない。2年間滞在《たいざい》し続けたこともあるけれど、たいがいは数か月調査《ちょうさ》をして日本へ帰り、またアフリカへという旅をいく度となくくり返してきた。ゴリラたちも1か所だけではなく、ヴィルンガ火山群《ぐん》のマウンテンゴリラ、カフジ山《さん》の高地と低地のヒガシローランドゴリラ、ムカラバ国立公園のニシローランドゴリラと4地域、3種類のゴリラにわたる。ひと口にゴリラと言っても、場所によって、種類によって、ずいぶん姿も性質《せいしつ》も異なる。人間だって、ヨーロッパ、アフリカ、アジアと場所によって外見やふるまいがちがうのと似ている。彼らをゴリラと言って、ひと言で片づけてしまうのは大きなまちがいなのだ。

さらに、それぞれのゴリラに名前をつけてつきあってみると、みんな個性《こせい》がちがうことがわかる。それぞれに外見も性格《せいかく》も異なるゴリラたちが、おたがいの個性をわかり合っていっしょに暮らしているのが、ゴリラの群《む》れ生活なのである。それは人間と似ているようで、ずいぶん大きなちがいがあった。ゴリラになりきって、まず暮らしてみる。そうすると、ゴリラの世界が理解できるようになる。そこから、こんどは人間の世界をながめてみる。すると、人間のおかしな特徴《とくちょう》が浮《う》かび上がってくる。また、一見ゴリラとはちがう行動でも、底に流れている行動の原理はいっしょではないかと思えることがある。たとえば、わたしたちは対話をするときに向かい合う。それは言葉を交《か》わすためだとだれもが思っているが、言葉を持たないゴリラも向かい合って気持ちを通じ合わせることが多いのだ。一方、サルたちはめったに向かい合う姿勢《しせい》を保つことがない。すると、サルにはない対面するという行為《こうい》が、ゴリラと人間の共通祖先に生まれ、その姿勢を利用して対話という言葉を用いるコミュニケーションが人間だけに発達したのではないか、と考えることができる。

そういったことをゴリラやサルと比較《ひかく》しながら考えていくと、今の人間の行動の本来の意味が見えてくる。そして、情報社会に生きるわたしたちが、ひょっとしたら本来の意味を忘《わす》れて暮らし始めていることに気づくのである。

それをいくつか、わたしのゴリラの国の体験を通じて紹介《しょうかい》するのがこの本の目的である。ゴリラだけではなく、屋久島《やくしま》でサルたちを追いかけて過ごした日々や、わたしが家族といっしょにアフリカで過ごした体験もふくまれている。それらはすべて、わたしが生き物として自分を自覚するために学んだことだ。それをみなさんといっしょにふり返って、これからの人間の生き方を考えてみたいと思う。さあ、いっしょにゴリラのいるジャングルに分け入ってみよう。

２０２０年７月

山極寿一

# 目次

本書は、雑誌『ちゃぐりん』（家の光協会）の連載「みんなゴリラから教わった」（2015年5月～2020年4月）を改題し、加筆・修正したものです。

デザイン　中島三徳（有）エムグラフィックス
カバーイラスト　１００％ＯＲＡＮＧＥ
本文イラスト　ふしはらのじこ
ＤＴＰ製作　（有）かんがり舎
校正　（有）かんがり舎
記載のない写真は著者提供

第1章

# ゴリラとの出会い

# ゴリラはサルではない

ゴリラに会いたいと思って動物園に行ったのは、わたしが京都大学の大学院生になったころのことだ。

もちろん、東京生まれのわたしは子どものころに上野動物園でゴリラを見ている。今から思い返せば、それはわたしと同い年だった人気者のブルブルにちがいなかったのだが、なぜかあまり覚えていない。おそらく、親に連れられて人ごみを歩き、すっかりうんざりしていたわたしには「動物園の動物の一つ」としか見えなかったのだろうと思う。

大学でわたしはニホンザルの研究に没頭《ぼっとう》していた。京都の嵐山《あらしやま》でニホンザルを間近に観察し、志賀高原《しがこうげん》や屋久島《やくしま》では野生のニホンザルを追って野山をかけめぐっていた。自分がサルになったつもりでサルたちとつきあい、自然をながめることができるようになっていた。そんなとき、アフリカに行けるかもしれない、ゴリラを調査《ちょうさ》できるかもしれない、という話が舞《ま》い込《こ》んだのだ。日本映像記録《にほんえいぞうきろく》という映画会社が、それまであまり知られたことのないアフリカの奥地《おくち》に入って、ゴリラの映像を撮影《さつえい》することに成功したからである。ゴリラをやってみないか、と指導《しどう》教員だった伊谷純一郎《いたにじゅんいちろう》先生※に言われて、わたしは全身が総毛立《そうけだ》つような気がした。ア

フリカの未踏《みとう》のジャングルにひびく低いうなり声が聞こえたような気がしたからである。さっそくわたしは、京都にある動物園にゴリラを見に行った。

ゴリラはサルではない、というのがそのときの印象だった。当時、動物園には7歳《さい》のマックというオスがいた。体はわたしと同じくらいだが、顔と手がやけに大きかった。サルと比《くら》べて、体が大きい分、動作がゆっくりとしているように見えた。しかし、わたしが驚《おどろ》いたのは、体の大きさが同じ人間と比べても、マックがじつに余裕《よゆう》たっぷりの態度《たいど》をとることだった。サルは人間にたいしても、仲間のサルにたいしても、いっときもじっとしていない。せわしなくあちこち歩きまわってはえさを探《さが》し、人間やサルに出会うといばって見せたり、ひるんだり、近寄《ちかよ》って毛づくろいをしたりする。そのたびにしっぽを上げ下げするので、サルの感情《かんじょう》がひっきりなしに揺《ゆ》れ動いているのがわかる。

でもゴリラはちがった。あぐらをかいて座《すわ》り、腕《うで》を組んでじっとこちらを見つめる。微動《びどう》だにしない。まるで仏像《ぶつぞう》のようである。サルは見つめられると、反抗《はんこう》するようにこちらをにらんだあと、さっと視線《しせん》をそらす。それでも見つめていると、こんどは怒《おこ》ってこちらにつっかかってくる。ゴリラはそんなことはない。いつまでも平静な顔で、ひとみはあくまで暗く、まるで吸《す》い寄せられるような気がしてくる。

歩くときは、気取《きど》って背中《せなか》を反《そ》らし、腕を立てて肩《かた》を揺らしていばったような態度をとる。サルと人間との出会いはいつも緊張《きんちょう》をはらんでいるが、ゴリラは出会いを楽しみ、ときには人間をからかっているように見えるのである。それを見てわたしは、ひょっとしたらゴリラは人間より格《かく》が上なのかもしれないと思った。ゴリラはじっと待つ。いつも人間のほうがじれて先に動きたくなってしまうのだ。いったいゴリラはどんな性格《せいかく》をしているのだろう。わたしはいつかゴリラの心の中をのぞいてみたいと思うようになった。

※ニホンザルやチンパンジーの生態《せいたい》を追い、日本の霊長類学《れいちょうるいがく》の礎《いしずえ》を築《きず》いた霊長類学者。日本人で初めて、人類学のノーベル賞といわれるトーマス・ハックスリー記念賞を受賞した。

## ゴリラの国を訪《たず》ねる

わたしが野生のゴリラに会いにアフリカへ行ったのは26歳のときである。それまで数年間、わたしは日本の野山でニホンザルを追って歩きまわった。北は青森県の下北半島《しもきたはんとう》から南は鹿児《かご》島《しま》県の屋久島まで、ニホンザルの代表的な生息地をめぐって、その特徴《とくちょう》を調べて歩いた。テントを張《は》って野宿をし、魚を釣《つ》り、山菜を摘《つ》んで料理をして食べた。だから、アフリカのジャングルでもじゅうぶん暮《く》らせる自信があった。

でも、やはりアフリカは手ごわかった。アフリカ大陸の中央部には、日本の面積の10倍もあるコンゴ盆地《ぼんち》があり、その大半はジャングル（熱帯雨林）で、大部分がコンゴ民主共和国に属している。コンゴ盆地の東の端《はし》にそびえるカフジ山《さん》で調査を始めたとき、まず驚いたのは動物の種類が豊富《ほうふ》なことだった。日本にはニホンザルが1種類しかいないのに、カフジ山だけでサルが8種類もいた。体の大きな動物も多く、そのうちゾウは破格《はかく》の大きさだった。

最初に森を歩いた日にゾウに出くわし、わたしはゾウがとても恐《おそ》ろしい動物であることを知った。日本の動物園では、ゾウはのんきに長い鼻をぶらぶらさせて歩いている。でもここではいつも耳をそばだてている。人間の気配を察知すると、ばさっと大きな耳を広げ、警戒《けいかい》する。こちらを敵《てき》とみなせば、耳をつんざく叫《さけ》び声を上げて突進《とっしん》してくる。鼻に巻《ま》かれたらもう助からない。地面にたたきつけられて、牙《きば》で刺《さ》し貫《つらぬ》かれるか、足で踏《ふ》みつけられて一巻《いっかん》の終わりである。現地でゾウにおそわれて亡《な》くなった人もいると聞いた。

ゾウと同じように、ゴリラも地元の人々から恐れられていた。ここでは地元の人々が昔からゴリラを捕《つか》まえて食べていたので無理もない。ゴリラたちも人間を敵視して、自分たちからできるだけ遠ざけようとしていたのだ。そこで、わたしは野生動物をよく知っている森の狩《しゅ》猟民《りょうみん》トゥワ人に、森を案内してもらうことにした。富士山《ふじさん》に近い標高3308メートルもあるカフジ山の周辺は国立公園になっていて、一般《いっぱん》の人々の立ち入りが禁止《きんし》されている。しかし、国立公園として保護《ほご》されるようになった8年前以前には、この森でトゥワ人たちが狩猟採《さい》集《しゅう》生活を営《いとな》んでいた。まだ森の知識《ちしき》を豊富に持っているかれらに、ゴリラを見つけてもらおうと思ったのである。

トゥワ人のミサリ老人とその息子たち３人について、わたしはゴリラの足あとを追って森を歩きまわった。密生《みっせい》したやぶを分け、イラクサの生《お》いしげる斜面《しゃめん》を登り、湿地《しっち》や小川のほとりにキャンプを張って、ゴリラの姿を追い求めた。鼻筋《はなすじ》の白いフクロウグエノンというサル、緑色で羽の裏《うら》が真紅《しんく》のエボシドリ、青色とだいだい色のコントラストがあざやかなトカゲなど、

初めて出会う動物たちにわたしは目を見張《みは》った。トゥワ人たちの流儀《りゅうぎ》に従《したが》い、竹の筒《つつ》を切って水筒《すいとう》代わりにしたり、棒《ぼう》をこすり合わせて火をおこし、いも虫をあぶって食べたりした。

ゴリラの姿はなかなか見えなかったが、やわらかい地面にくっきりついた手形や足形に自分の手を当ててみて、ゴリラの大きさを量《はか》ることができた。ゴリラたちは毎晩《まいばん》ちがう場所にベッドを作って眠《ねむ》る。ベッドに残されたふんの大きさを測《はか》れば、どんなゴリラたちが何頭そこに寝《ね》たかを知ることができる。こうしてわたしは、まだ見ぬゴリラたちの暮らしを想像できるようになった。

## 森の巨人《きょじん》が大迫力《だいはくりょく》で突進

アフリカの赤道直下、標高2000メートルを超《こ》える山々を登り下りしながら、ゴリラの足あとを追って歩くのはとても楽しかった。山地の森には低い木ばかりで、太陽の光が豊富にさし込み、地面はびっしりと草におおわれている。だから、ゴリラが歩いたあとは草が倒《たお》れていて、どちらの方角へ行ったのかよくわかるのである。

ときどき、辺り一面に草が倒れていて、広場のようになっていることがある。どうやらゴリラたちがここで休んだらしい。きっと子どもゴリラたちがくんずほぐれつ取っ組み合って遊び、追いかけっこをしたので草が踏みしだかれたのだろう。体の大きなゴリラが横になって休んだあとがある。草の間に白い毛がはさまっていて、背中の白いシルバーバックだということがわかる。ゴリラのオスは13歳を過《す》ぎておとなになり始めると、背中の毛が馬の鞍《くら》※のような形に白くなる。こういうオスを銀の背、シルバーバックと呼《よ》ぶのだ。

ゴリラが踏みしめて歩いた道には、ゴリラのふんが落ちている。三角のおむすびをつなげたような形をしていて、落とされたばかりでまだ湯気のたっているふんもある。それを割《わ》ってみると、中には植物の繊維《せんい》がいっぱいつまっている。葉っぱや木の皮を食べているのである。ときおり、ふんの中に大小の種子が入っている。フルーツを食べたときに、種子ごと飲み込んで、種子が消化されずにふんに混《ま》じって出てきたのである。種子の大きさや形はフルーツによってちがうから、どんなフルーツを食べたか種子から調べることができる。わたしは、歩いているときに見つけたフルーツをかたっぱしから集めて、種子を標本にしておくことにした。こうすれば、ふんから見つかった種子でゴリラが食べたフルーツを知ることができる。

毎日ゴリラの後を追っていると、近くでゴリラの声がして、木ががさがさと音をたてて揺れることがあった。ゴリラがいる！　わたしたちは緊張して身をこごめ、音をたてないようにそうっと草むらをはって進む。すると、子どもゴリラたちが木の枝《えだ》にぶらさがって遊んでいるのが目に入った。双眼鏡《そうがんきょう》を取り出してのぞいてみる。お尻《しり》の真ん中に白い毛がある。まだ乳飲《ちの》み子だ。お母さんから離《はな》れて遊んでいるから、２、３歳だろう。もっとよく見ようとして体を

伸《の》ばしたとたん、ゴリラがわたしに気がついた。ウギャーッと大声を上げて木をすべり降《お》りる。するど、すぐ近くで

ガオーッ

という雷《かみなり》のような声がした。目の前の草むらが真っ二つに割れ、大きなオスゴリラが突進してくる。わたしは思わず恐怖《きょうふ》にかられて後ずさった。背筋が凍《こお》りついて、体が動かない。ゴリラはまたたくうちにわたしから2メートルの距離《きょり》まですっ飛んできて、太い腕でわたしの足元の草をザッと払《はら》った。大きく開いた口から長い犬歯《けんし》をぎらっとのぞかせている。そして、じっとわたしをにらむと、きびすを返し、ゆっくりと森の奥へと歩み去っていった。

わたしはしばらく息をつくこともできなかった。それほど森の巨人の姿は強烈《きょうれつ》で、魔人《まじん》のような迫力に満ちていたのである。わたしはこわさを通り越《こ》して、その威厳《いげん》に圧倒《あっとう》されていた。

※人や荷物をのせるために馬の背に置く道具。

## 子どもにやさしいシルバーバック

背中の白い巨大なシルバーバックに大迫力で突進されてから、わたしはしばらくのあいだ、

恐怖が身にしみついてしまった。ゴリラの群《む》れに近づいていくとき、小さな子どものゴリラが遠くのこずえからあどけない顔をのぞかせることがあった。意外に近くの草むらから、少し大きな子どもゴリラが好奇心《こうきしん》に満ちた目でわたしたちを見つめることもあった。でも、どこかにシルバーバックがひそんでいると思うと、不安で胸《むね》がさざくれだった。突然《とつぜん》、大音響《だいおんきょう》とともにおそわれるかもしれないとおののいたのである。

だから、ゴリラの群れに近づくとき、まずシルバーバックの姿を確《たし》かめることにした。その位置をつねに見定めながら、メスや子どもを観察すれば、危険《きけん》を察知しやすいと思ったからである。そうすると、おもしろいことに、メスや子どもたちもつねにシルバーバックに注意を向けていることがわかってきた。

子どもゴリラたちは、人間の子どもと同じように好奇心が旺盛《おうせい》だ。わたしたちが近づくと、こわいと感じていても、恐る恐る様子をうかがう。こちらがじっとしていると、胸をたたいたり、木を揺すったりしてこちらの注意を引こうとする。しかし、そのさいに、ちらちらとシルバーバックのほうを見るのである。まるで、シルバーバックに怒られないかと気にしているように見えた。たしかに、シルバーバックはときどき大きく低い声で、ゴオッとほえることがある。すると子どもたちは身をすくませ、わたしたちから離れていく。シルバーバックの声は、わたしたち人間にたいしてだけではなく、仲間のゴリラ、とくに子どもたちに注意をあたえているのだと気がついた。

そのうちわたしは、シルバーバックがほえたあと、しばらくその後を追えるようになった。シルバーバックはわたしたちの接近《せっきん》を許《ゆる》さなかったが、20～30メートルの距離をおいていれば、わたしたちを追い立てなくなったのである。すると、遠くでシルバーバックのもとに子どもたちが集まってくるのが観察できるようになった。小さな赤ん坊《ぼう》はまだお母さんの胸や背中にしがみついていたが、ひとりでかけまわる年齢《ねんれい》の子どもたちはシルバーバックにつきまとうことが多かった。子どもたちは足にからみつくようについて歩き、白い背中によじ登ってははしゃぎ、シルバーバックが寝転《ねころ》がるとすかさず大きな体にもたれかかって休んだ。

その姿を見て、わたしはシルバーバックが雷のようにほえて突進してきた理由がわかるような気がした。守りぬく大事なものがあったからこそ、シルバーバックは敵となるわたしたち人間を退《しりぞ》けようとしたのである。子どもたちにやさしい反面、シルバーバックは敵にたいして大きな脅威《きょうい》となるのだ。だからこそ、子どもたちは大きな信頼《しんらい》をシルバーバックに寄せる。

わたしはそれをとてもうらやましく感じた。人間はそんなに強い信頼で結ばれているだろうか。ゴリラの子どもたちはシルバーバックのもとで、どのように育つのだろう。人間の子どもとはどこがちがうのだろう。わたしはいつか、それを見てみたいと思った。

## 森の民に認《みと》められる

アフリカ中央部の熱帯雨林での森歩きは、わたしにとって新しいことばかりだった。パイナップルみたいな実が落ちていて、ちぎって食べると甘ずっぱい味がしてのどがうるおう。紫色《むらさきいろ》のビワみたいな実はとても甘く、いくらでも食べられる。どちらもゴリラの大好物で、実のなっている木の下には、かならずといっていいほどゴリラの足あとがあり、ゴリラがかじった実が転がっていた。

森の中では楽しいことばかりではない。足にちくっと鋭《するど》い痛《いた》みが走るので、辺りを見回すと白いとげが無数に生《は》えるイラクサの草原だったりする。いっしょに歩いていたトゥワ人の男が声を上げて走りだしたので、思わず足元を見ると、大きなアリが何万という大群で行列を作って歩いている。クワガタみたいな口をした兵隊アリがズボンに食いついてはい上がってくる。あっという間に体じゅうをかまれ、悲鳴を上げて逃《に》げまわることになる。

だから、森歩きには地元のトゥワ人たちの協力が欠かせない。かれらはつい数年前に国立公園ができるまで、この森で狩猟採集生活をして暮らしていた。いつ、どこに、どんな物があるかをよく知っている。わたしは森歩きが終わると、夕刻《ゆうこく》、トゥワ人の村を訪《おとず》れて森のことを聞いた。

地元の人々と話すには、地元の言葉・スワヒリ語を習得する必要がある。わたしはまず、ニニ（なんですか）、ナムナガニ（どういうことですか）という質問を覚えた。これを使えば、とりあえず言葉と事物を照合できるからだ。地元の子どもたちは外国人がめずらしく、興味《きょうみ》津々《しんしん》で集まってくる。そこで、いろんな物を指したり動作をしてたずねると、おもしろがって自慢《じまん》そうに教えてくれる。子どもたちと仲よくなると、その母親たちからもいろいろと聞くことができる。そこで仕入れた知識を、こんどは森の中で試すというわけだ。

そのうち、トゥワ人の男たちとも打《う》ち解《と》けて、なんでも話してくれるようになった。とくに、森歩きの帰りに地元の村でカシキシというバナナで造った地酒を飲むときは、みんな話好きになる。これまであまり外国人といっしょに飲んだことがなかったので、みんな最初は戸惑《とまど》いやためらいもあった。でもわたしが片言で日本の話をすると、そういう世界もあったのかとみんないっせい

に聞き耳を立てた。

そんなつきあいが功《こう》を奏《そう》して、わたしはだんだん自由に森歩きが許されるようになった。立ち入りが厳重に禁止されている国立公園では、キャンプをするにも長官の許可《きょか》がいる。最初はその許可が下《お》りなかったのだが、トゥワ人たちは長官にわざわざ頼《たの》んでくれたのだ。きっとわたしといっしょに森で寝泊《ねと》まりをすることが、とても楽しいと期待してくれたにちがいない。おかげでわたしは、２週間ほどの食料を担《かつ》いで森の奥深く入り、ゴリラの寝場所近くにテントを張って、終日ゴリラを追跡《ついせき》できるようになった。

満天の星をながめながら、たき火を囲んでいると、すぐ近くからゴリラが胸をたたく音が聞こえる。するとまた、トゥワ人たちのゴリラにまつわる話に花が咲《さ》く。わたしはしだいに、アフリカの森の物語へと体ごと引き込まれるようになった。

## マウンテンゴリラの山へ

野生のゴリラの群れの中に入ることができたのは、調査を始めてずいぶんたったころのことである。カフジ山ではなかなかゴリラが人間に慣《な》れてくれなかったので、わたしはちがう場所に行ってみようと思った。

そのころ、カフジ山から200キロメートルほど離れたところに、ヴィルンガ火山群《ぐん》という場所があった。わたしより20年も前に、伊谷純一郎先生たちがゴリラの研究を始めたところである。1960年に独立紛争《どくりつふんそう》が起こって、調査は中止されたが、その後アメリカ人のダイアン・フォッシー博士が入ってゴリラの研究を行っていた。ここのゴリラはマウンテンゴリラと呼ばれ、標高3000メートルを超える高地にすんでいるため、毛がふさふさと長く、丸っこい体つきをしている。

フォッシー博士は毎日山を歩いてゴリラに近づき、なるべくゴリラの態度をまねて仲間になろうとした。それが功を奏して、ゴリラは警戒心を解き、博士に近づいて手で触《ふ》れるまでになっていた。その話を聞いて、わたしは是《ぜ》が非《ひ》でもヴィルンガのマウンテンゴリラに会いに行こうと思った。ケニアのナイロビという都市でやっと博士に会うことができ、許可を求めたときのことをわたしは忘《わす》れることができない。博士はわたしを見るとすぐ、「ゴリラの声を出してみなさい」と言ったのである。つまり、わたしがゴリラのようにふるまえるかどうか、テストをしたのだ。

ゴリラ同士が近づくとき、グッグフームという低い声を出す。深いやぶにさえぎられて相手の姿《すがた》が見えないとき、この声で相手を確かめることがある。もし、答えないと、ウホウという少し高い声を投げかけられる。これが、Who《フー》 are《アー》 you《ユー》?（どなたですか?）と言っているようにに聞こえるので、フォッシー博士は「問いかけ音」と名づけた。この音声を聞いたら、すぐに答えないと攻撃《こうげき》される恐れがある。問いかけに答えられない相手はゴリラではない。自分たちの安全をおびやかす敵かもしれないから、すぐに警戒するのである。だから、野生のゴリラにとってあいさつに答えることはとても重要なことなのだ。

フォッシー博士の前で、何度かわたしはゴリラのあいさつ音を出した。じっと聞いていた博士は、あまりうまくはないと言いながらも、わたしがゴリラに会いに行くことを許可してくれた。わたしは体じゅうがふるえるのを覚えた。いよいよゴリラのそばに行ける。わたしはもう、ゴリラの間に座っているような気がしたのである。

さっそく、わたしは身支度《みじたく》を整え、ヴィルンガ火山群へと向かった。当時、フォッシー博士はアメリカに帰っていたので、わたしは一人で山を登った。トラックの荷台に揺られ、石ころだらけの道と雨季でぬかるんだ山道を踏破《とうは》して、フォッシー博士がたてたキャンプにたどり着いた。そこは別世界だった。こけむした大木が、森の精霊《せいれい》のように立っていて、湿《しめ》った冷たい風がふいていた。キャンプ地は白い霧《きり》におおわれ、サンバード（太陽鳥《たいようちょう》）が色とりどりの羽をひらめかせて舞い降りてきた。

すでにフォッシー博士からの伝言が届いていて、キャンプのスタッフはわたしを温かく迎《むか》えてくれた。遠くからゴリラが胸をたたく音が聞こえてきた。漆黒《しっこく》の闇《やみ》の中で眠りに落ちながら、わたしはゴリラになった自分を夢《ゆめ》見ていた。

# 群れへ入り、あいさつ

それは12月のある日、山々が深い霧でおおわれた日のことだった。ダイアン・フォッシー博士に許可をもらい、ヴィルンガ火山群にやってきたわたしは、初めてマウンテンゴリラに会いに山を登ったのである。

その朝、キャンプを出る前にフォッシー博士の助手のピーターから、「ゴリラに近づいたらげっぷ音を出すんだぞ」とくり返し言われた。これはフォッシー博士からも言われていたことだ。げっぷ音は、グッグフームというゴリラが出す、人間のげっぷに似た音声だ。ゴリラ同士が近づくときや、少し離れておたがいの存在を確かめるときに出す、あいさつ音だ。

わたしは現地のレルカナというベテランのガイドについて歩いた。かれは10年前からフォッシー博士といっしょに森を歩き、この辺りの地理をよく知っていた。やがて、ゴリラたちが今しがた通った足あとを見つけた。わたしは勇《いさ》んで先へ進もうとレルカナをうながした。ところが、レルカナは首をふって、「だめだ、ここからはあんた一人で行くんだ」と言ったのである。

わたしはびっくりした。コンゴのカフジ山ではいつも森を知っているトゥワの人といっしょに歩いていたし、ゴリラから攻撃されたら武器《ぶき》を持たないわたしは身を守るすべがない。でもレルカナは、「ゴリラたちは黒い人間を憎《にく》んでる。おれの姿を見たら怒《いか》りくるって突進してくる。あんた一人のほうが安全なのさ」とこともなげに言う。わたしも覚悟《かくご》を決めるほかなかった。

それからわたしは、そうっとやぶを分けて前へ進んだ。50メートルほど歩いたとき、ゴリラのにおいがした。グコグコグコという低いくぐもったような声が聞こえる。口の中がからからになった。子どもたちの遊び声だ。いるぞ！ わたしはつかんでいたつるを持ち上げ、思わず頭を突《つ》っ込んだ。

一瞬《いっしゅん》、わたしは全身が総毛立つのを覚えた。なんと目の前に大きな体をしたシルバーバックが、腕を組んで座り、わたしをじっと見つめていたのである。

わたしの姿を見て、ゴリラたちの動きが止まった。毛づくろいをしていたメス、寝転んでいた子ども、レスリングをしていた子どもたちが、みんなぴたっと動きを止め、じっとわたしのほうを注視している。頭の中が真っ白になって、わたしは気が遠くなりそうだった。ちょっとでも動いたらゴリラたちが飛びかかってくる。そんな気がした。

何秒かが過ぎた。わたしもゴリラたちも化石のように動かなかった。そのときである。シルバーバックがひと声、グッグフームと深いひびきのある声を発したのである。ゴリラたちはいっせいに何事もなかったかのように動きだした。レスリングが再開され、毛づくろいの手が動きだした。わたしははっと気がついた。そうだ！　あいさつ音だ！

あわててわたしは、グッグーム、グッグームと連発して声を出した。シルバーバックもほかのゴリラたちも、もうわたしのほうに注意を向けない。わたしはすでにゴリラたちに受け入れてもらったことを悟《さと》った。わたしがあいさつをしたからではない。シルバーバックのひと声で、群れのゴリラたちはわたしが危険な人間ではないことを了解《りょうかい》したのである。危《あぶ》ないところだった。シルバーバックのとっさの判断《はんだん》で、わたしの命は救われたのだった。

第２章

# 遊び、笑うゴリラ

# 子どもの遊びに誘《さそ》われる

いちどゴリラの群《む》れに受け入れてもらうと、ゴリラの子どもたちは積極的にわたしに近づいてきた。わたしが物音をたてると、わたしのほうをじっと見つめ、なにをしているかを注意深く観察した。双眼鏡《そうがんきょう》を持ち上げると、すぐにやってきてレンズをのぞき込《こ》んだ。靴《くつ》ひもを締《し》め直すと、靴に顔を近づけてひもをしゃぶる。わたしが腰《こし》を下《お》ろすと、すぐそばに座《すわ》って腕《うで》を組み、横目でわたしのほうをちらちら見る。どうやら、わたしという人間がめずらしく、おもしろいと思って、ながめているようだった。

そのうち、わたしはゴリラの子どもたちから遊びに誘われるようになった。ゴリラ同士で取っ組み合ったり、追いかけっこをしている最中に、ふと動きを止めて、わたしのほうにやってくるのだ。そして、じっとわたしの顔を見つめると、靴やズボンを引っぱるのである。わたしが無視《むし》していると、グコグコグコッと声を出して、ふたたびわたしを見つめる。「おや、遊びたくないの?」とでも言っているようだ。この声は笑い声である。のどではなく、おなかをふるわせて笑っているのだ。まるで、あぶくが音をたてているように聞こえる。そのとき、ゴリラの目は金色に光って、いかにも好奇心《こうきしん》を燃《も》やしているように見える。

遊びの誘いにわたしが知らん顔をしていても、ゴリラたちはあきらめなかった。にじり寄《よ》ってきて、大きなおなかを突《つ》き出し、わたしに押《お》しつける。手を伸《の》ばしてわたしの肩《かた》や髪《かみ》の毛をつかむ。首にかけていた双眼鏡まで手に取り、じっとレンズをのぞき込む始末だ。これはなんとかしなければ、とわたしは思った。ゴリラの自然な行動を観察したいのに、ゴリラがわたしに気を取られていてはいけない。わたしが近くにいても、ゴリラが気にかけないようになるのが理想的だ。

そこで、わたしはゴリラがちょっと怒《おこ》ったときに出す声を使ってみた。それは、コホッ、コホッ、というせきのような音声である。ゴリラ同士が食物をめぐって争ったときや、ほかのゴリラのけんかをいさめるときなどに発する。じつは、わたしもゴリラに近づきすぎたときや、おいしそうなキイチゴをつまんでいるゴリラのそばを通りすぎたときに、この音声を投げかけられたことがあった。どうやら軽い威嚇《いかく》を意味し、相手の動きを止めたり、近づかせない効果《こうか》があるのだろうと思われたのである。

効果はてきめんだった。わたしと遊ぼうとして近づいてきたゴリラに、コホッ、コホッ、と声を出すと、たちまちゴリラは立ち止まり、わたしの顔をじっと見つめた。まるでわたしの気持ちを確《たし》かめているようだった。すかさずわたしがまた、コホッ、コホッ、と小さくほえると、ゴリラは、グフウウムと低くうなって立ち去っていったのだ。

「通じた！」

わたしは思わず声を上げた。ゴリラはわたしの気持ちを理解《りかい》してくれたのだ。わたしはうれしくなった。それからわたしは、ゴリラが近づきすぎると、コホッ、コホッ、と声を出し、ゴリラの動きを止めるようになった。ゴリラはちゃんとわたしの言うことを聞いてくれて、わたしはあまりゴリラにかまわれずに、近くで観察できるようになったのである。

## まずは、顔と名前を覚える

ヴィルンガ火山群《ぐん》でマウンテンゴリラの調査《ちょうさ》を始めたとき、わたしが真っ先に実施《じっし》したのはゴリラの顔と名前を覚えることだった。

じつは、人間以外の動物に名前をつけることは、昔から行われていた。どこの国でも、イヌやネコなどのペット動物、ウシやヤギやヒツジなどの家畜《かちく》に名前をつける。よく人里に出てくる野生動物、たとえば、タヌキやキツネに名前をつけることもあったと思う。そういった動物たちは昔話に登場し、人間たちと知恵比《ちえくら》べをしたものだ。

でも、それを本に書いて動物の物語に作りあげたのは、『シートン動物記』が最初だろう。19世紀の終わり、シートンは北アメリカの荒野《こうや》にすむオオカミやキツネやウサギを主人公にして物語を書いた。

オオカミ王のロボやキツネのスカーフェースが、人間やほかの野生動物を相手に活躍《かつやく》する。シートンは牧場主や猟師《りょうし》たちに野生動物たちの様子をくわしく聞き、自分でもその生態《せいたい》や行動を調べながら、ドキュメンタリーに近い物語をたくさん書いたのである。

残念ながらこれらの物語は文学であって、事実に基《もと》づいた科学的な報告とは認《みと》められなかった。しかし、動物たちに名前をつけてその行動を描《えが》くという方法は、日本の動物学者たちに受け継《つ》がれた。20世紀の半ばごろに、世界に先がけて野生のサルの研究を始めた京都大学の研究者は、一頭一頭のサルに名前をつけてその行動を記録し始めた。英雄にしか名前をつけなかったシートンにたいして、日本のサル学者はすべてのサルに名前をつけて、サルの社会を知ろうとしたのである。

ゴリラの調査を指導《しどう》してくれたフォッシー博士も、日本のサル学者にならって、観察したすべてのゴリラに名前をつけていた。わたしを最初に受け入れてくれたオスは、ベートーベンという名だったし、その息子にはブラームス、バルトークという大きなオスがいた。3頭がいっしょに胸《むね》をたたくと、まるで交響楽《こうきょうがく》のように森林にひびいたからだという。メスには、エフィー、パンツィー、パック、タックなどというかわいらしい名前がついていた。なんの理由からかわからないが、子どもゴリラにはテキサコ、BP《ビーピー》といった石油会社の名前、ダービー、サンドゥク（現地のスワヒリ語で箱という意味）など思いつきのような名前もあった。

おもしろいのはビツミーという名の若いオスで、英語で〝Beat me〟（びっくりした）という意味である。このオスが突然《とつぜん》外からグループに加入してきたので、驚《おどろ》いたのである。わたしのお気に入りは、シェイクスピアの悲劇《ひげき》『タイタス・アンドロニカス』に登場するローマの将軍の名をあたえられたタイタスだった。作中の残虐《ざんぎゃく》な殺し合いとは似《に》ても似つかず、ゴリラのタイタスは6歳《さい》になったばかりの温和でひょうきん者のオスの子どもだった。鼻の上にT《ティー》のようなしわがあり、そこからつけられた名である。このしわは大きくなっても変わらず、鼻紋《びもん》といって、その個体《こたい》を識別《しきべつ》する指標となっていた。

わたしはさっそく鼻紋をノートに描き、ゴリラの顔と照らし合わせながら名前を覚えていったのである。

## ゴリラの食卓《しょくたく》

朝から晩《ばん》までゴリラについて歩いていると、変な気分になる。わたしのほかにだれも人間がいないので、自分がゴリラになったような気になるのだ。野生の大きなセロリや、とげの鋭《するど》いアザミをゴリラがムシャムシャと食べているのを見ると、わたしも食べたくなって思わずつかんでしまう。でも、口に入れてみると、とても苦い。それにとげが口に当たって、とても食べられそうにない。なんて丈夫《じょうぶ》な口と胃をしているのか、と恐《おそ》れ入ったものだ。

近くにゴリラがきたとき、そっと食べる様子をうかがってみた。たしかに、子どもでも手は野球のグローブのように大きい。皮も厚《あつ》く、ごわごわしていて、アザミのとげなんかへっちゃらという感じである。しかし、口は意外に繊細《せんさい》そうに見える。くちびるがとても薄《うす》くて、口の中はピンク色でやわらかそう。わたしたち人間とあまり変わらない気がする。ときどき、くちびるをとがらせて、腕の毛をなめてとかしている。こんな口で手ごわい植物を食べることができるんだろうか。

植物の葉は、光合成をして栄養を作る大切な器官である。天敵《てんてき》は葉を食べる虫や、植物を丸ごと食べる動物だ。そのため、葉にはタンニンやリグニンという化学物質がふくまれていて、食べると苦かったりえぐかったりする。また、鋭いとげを生《は》やして、動物に食べられないように防衛《ぼうえい》している。とげで守られている植物は、あまり化学物質をふくんでいないから、とげさえ除《のぞ》けばとてもおいしい。人間は煮《に》たり、たたいたりして、こうした化学物質やとげの効果を

なくし、食卓にのせている。でも、虫や動物たちは調理することができない。

あるとき、わたしはゴリラたちがすてきな方法でその問題を解決しているのを見た。ヴィルンガの高い山の上には、イラクサという細かいとげがいっぱい生えている植物がある。日本でもイラクサが生えていて、つかむととげが刺《さ》さってとても痛《いた》い。でも、天ぷらなどにして食べるととてもおいしい。

ゴリラたちがイラクサの草原に腰を下ろしたとき、ベートーベンという名の大きなシルバーバックが、イラクサの茎《くき》を片手でつかみ、上へ向かってシュッとしごいたのだ。上を向いてついている葉がすべてベートーベンの手の中に収《おさ》まる。もう一方の手で、軽くにぎった手の中にその葉を押し入れてにぎり、その葉の束を口の中に押し込み、歯を使ってそれをギュッとたたんだ。それからゆっくりと、たたみ込まれたイラクサの葉の束をかみちぎって食べ始めたのである。

なるほど、とわたしは思った。イラクサのとげは上へ向かって生えているから、上方へしごけば手には刺さらない。手でとげの向きをそろえて、歯で折りたためば、口には刺さらなくなる。なんと、ゴリラは手と口を器用に用いて、イラクサを食べる技術《ぎじゅつ》を持っていたのである。高い山の上にはフルーツが少ないので、サルがほとんどすんでいない。ゴリラはこういった採《さい》食《しょく》技術を身につけたおかげで、食物に困《こま》ることなく、この野菜の楽園をわが物にすることができたにちがいない。わたしには、ゴリラがにわかにかしこく見えてきたのである。

# ゴリラがのぞき込みにやってきた

ヴィルンガ火山群の一角にあるヴィソケ山《さん》の森の中で、いつものようにマウンテンゴリラといっしょに休んでいたときのことだ。シリーと名づけた若いオスのゴリラが近寄ってきた。10歳になるが、まだ成熟《せいじゅく》したオスのように背中《せなか》の毛が白くなっていない。だからおとなのオスのシルバーバックにたいして、若いオスはブラックバックと呼《よ》ばれている。でも、もう100キロを超《こ》え、メスより大きくたくましい体になっている。

シリーはわたしのそばにくると、じっとわたしの顔を見つめ始めた。困ったな、とわたしは思った。わたしがそれまで調べてきたニホンザルでは、相手の顔をじっと見つめるのは軽い威嚇で、強いサルの特権《とっけん》である。弱いサルは、見つめられたら視線をはずすか、歯をむき出して、自分が争う気がないことを表明しなければならない。だから、シリーもわたしをおどしていると思ったので、わたしは下を向いてシリーを見ないようにした。ニホンザルなら、これを見てすぐに立ち去ってくれる。

ところが、シリーはさらに近づいてきて、じっとわたしの顔をのぞき込んだのである。距離《きょり》はわずかに20センチぐらいだ。シリーの鼻息がわたしの顔にかかる。シリーの大きな顔の輪郭《りんかく》がぼやけて、そこに吸《す》い込まれていくような気になった。わたしはこわくて、じっと下を向いていたのだが、シリーはなんと1分近くも顔を寄せていたのである。

やがて、シリーは2、3歩下がると、しげしげとわたしの顔をのぞき込み、低くグフームとうなった。そしてゆっくりときびすを返して去っていったのだが、わたしにはシリーが納得《なっとく》していないような気がしてならなかった。

そこで、わたしはこれまで以上に注意深く、ゴリラ同士の行動を観察してみることにした。すると、驚《おどろ》いたことにゴリラはしょっちゅう、顔と顔とを近距離で合わせていたのである。たとえば、相手を遊びに誘うとき、近づいて顔をのぞき込む。相手が反応《はんのう》すれば、取っ組み合いや追いかけ合いが始まる。しばらく離《はな》れていた仲間に再会するときも、たがいに近づき合って顔を合わせる。まるで、あいさつを交《か》わしているように見える。

わたしが感心したのは、けんかが起こったあとの仲直りとして顔を合わせていたことだ。おいしい食べ物や快適《かいてき》な休み場所をめぐって、ゴリラの間にはよくいさかいが起こる。ときにはそれがエスカレートして、ぶつかってかみ合いになることがある。悲鳴が上がって、けんかを非難《ひなん》する声が周囲からいっせいに発せられる。すると、けんかをした当事者や、それを止めに入ったゴリラが顔と顔とを合わせ、じっと静止するのである。まるで、高ぶった気持ちをおさえ、たがいの気持ちを通じ合わせているかのように見えた。

わたしはこれを「のぞき込み行動」と名づけた。のぞき込みはけんかが起こりそうになったときにも見られる。敵対している両者を見て、近くにいたゴリラが顔を合わせに行くのである。おそらくゴリラたちは顔を合わせて心を一つにし、平和なときを共有するためにこの行動を発達させたのだろうと思う。

## あぶくの音のような笑い声

野生のゴリラと出会うまで、ゴリラは笑わないものだとわたしは思っていた。それまで調査していたニホンザルは笑わない。笑ったように歯をむき出すのは、自分より強いサルに出会ったときで、自分が弱いことを示す表情《ひょうじょう》である。けっして楽しいわけではない。子どものサルたちがレスリングをしているとき、口を大きく開けて相手を大げさにかむようなまねをする。これが笑いに近い表情だといわれているが、笑い声を出すわけではない。

わたしが学生時代、日本の動物園にはゴリラの子どもがいなかった。動物園では子どもがなかなか生まれなかったのである。おとなのゴリラはオスもメスも、むっつりとおしだまっていることが多い。だから、わたしはゴリラには笑いという表情がないものだと思い込んでいたのだ。

しかし、野生のゴリラはたくさんの子どもたちと家族生活を送っていた。そのなかで、思いがけず多くの笑いにわたしは出合ったのである。

あるとき、わたしは大きなハゲニアの木の下で休んでいた。かたわらには6歳になるオスのタイタスというゴリラがいた。人間なら小学校の高学年といった年齢《ねんれい》である。すやすやと眠《ねむ》っていたので、わたしも観察することを一時中断《ちゅうだん》して、うとうとしていた。

するとと突然、グコグコグコと、まるであぶくのような声が聞こえた。横を見ると、タイタスがハゲニアの幹《みき》にあいた大きな洞《ほら》をのぞき込んでいる。手を入れて熱心になにかをつかもうとしているようだ。タイタスのわきからのぞいてみると、中にはネコぐらいの大きさの動物がいた。

「木登りハイラックスだ！」とわたしは心の中で叫《さけ》んだ。夜行性で、日が暮れてしばらくすると、闇《やみ》をつんざくような高い声を張《は》り上げる。まるで赤ん坊《ぼう》が泣いているように聞こえる。昼は木の洞で寝《ね》ていることが

多いので、タイタスは眠っていたハイラックスを見つけたのだ。

フーッ、フーッ、ハイラックスは低いうなり声を上げる。警戒《けいかい》しているのだ。タイタスは伸ばした手を引っ込める。でも、あきらめないでまた、そっと手を伸ばす。そして、とうとうハイラックスの背中に手を触《ふ》れたのだ。タイタスが口を開けてグコグコと声を上げる。

「笑っているんだ」とわたしは気がついた。明らかにタイタスはハイラックスと遊ぼうとしていた。神経質《しんけいしつ》な相手に手を触れることができて、タイタスは興奮《こうふん》して思わず笑い声をたてたのだ。

でも、いったいどこから、こんなあぶくのような声が出るんだろう。わたしはそっとタイタスのおなかに手を当てた。それを気にせず、タイタスはまた笑い声を上げた。すると、わたしがさわっているおなかが、びくびくとふるえたのである。タイタスの笑い声はおなかから出ていたのだ。

きっと、ハイラックスもゴリラと遊んだことがあるにちがいない、とわたしは思った。タイタスの笑い声にハイラックスが安心したように、おとなしくなったからである。ゴリラは笑い声を上げて森の動物たちと遊ぶのである。にわかにわたしには、ジャングルが楽しい空気に満ちているように思えてきた。

# 遊びの極意を教わる

野生のゴリラとつきあうまで、わたしはゴリラがこんなによく遊ぶ動物だということを知らなかった。まだゴリラがわたしによく慣《な》れていないころ、ゴリラの通ったあとをたどっていくと、草が一面になぎ倒《たお》されていて広場になっているところに出くわすことがあった。いったいここで、なにをしているんだろう、と不思議に思ったものだ。

ゴリラの暮らしを間近で観察できるようになると、それがゴリラたちの遊んだ場所だということがわかってきた。子どもゴリラたちは笑い声を出して追いかけ合い、くんずほぐれつ、取っ組み合いながら草の上をごろごろと転げまわる。その結果、まるで踏《ふ》みならしたように草が倒されて、きれいな広場になるのである。

ゴリラの群れにはいろんな年齢の子どもたちがいる。10歳を超えるとあまり遊ばなくなるが、お母さんのおっぱい以外のものを食べ始める1歳ぐらいから遊び始める。体はどんどん大きくなるから、年のちがいによって体の大きさがちがう。でも年上の大きな子どもは、年下の小さな子どもと遊ぶのがとてもうまい。

ズィーズという9歳のオスは、年下の子どもたちとよく遊んだ。しかも、とても長い時間遊ぶ。息を荒《あ》らげて取っ組み合い、双方《そうほう》が腰を下ろしてもう終わりかなと思うと、また取っ組み合う。それが1時間以上も続くのだ。グコグコグコという笑い声が絶《た》えないので、子どもたちもズィーズと遊ぶのをとても楽しく感じていることがわかる。

ズィーズの動きを見ていると、自然に遊んでいるようでいて、とてもうまく子どもたちの動きに合わせていることがわかる。ズィーズは100キロを超える体格なので、10〜30キロ程度《ていど》の子どもたちとは力の強さがちがう。だから、ズィーズは子どもたちの力によって対応《たいおう》を変えなければならない。そっと近づいて子どもを誘い、自分に組みついてくると、わざと負けたように後ずさりして逃《に》げる。それを子どもが追いかける。そのやりとりがじつにうまいのだ。

子どもに追いかけられて太い木のまわりを回ると、こんどは自分が速く走って、追いかける立場になる。速度を落とすと、また追いかけられる立場になる。自分の力を変えることで相手と役割《やくわり》交代ができる。取っ組み合うときも、同じように役割を交代しながら、相手を組みふせたり、組み倒されたりする。それをくり返すことによって、相手となる子どもたちの力がわかり、ズィーズが上手《じょうず》に自分の力を調節していることがわかる。

遊びにはルールがある。でも、遊ぶ前からルールがあるのではなく、遊びをするなかでルールが自然に作られていく、ということにわたしは気づいた。ズィーズも子どもに合わせているだけではなく、ときには少し乱暴《らんぼう》に子どもたちをそそのかすこともある。すると、子どもたちは興奮してふだん以上の力を出す。ときには、胸をたたいて自己主張《しゅちょう》をする。ゴリラにとって、それがとても楽しい時間だということが、よく伝わってきた。

ゴリラからわたしは、遊びが楽しいつきあい方を学ぶ場だということを教わったのである。

## ゴリラの目が輝《かがや》くとき

ゴリラたちと仲よくなってから、わたしはよくゴリラから遊びに誘われるようになった。群れの中で一生懸命《いっしょうけんめい》、観察記録をつけていると、突然ズボンを引っぱられる。背中に体当たりをしてくる子どももいるし、そーっとやってきて、わたしの髪の毛をつまんでみる子どももいる。人間の着ている服や靴、それに長い髪の毛がめずらしいのだ。

そんなときは、ゆっくり落ち着いて観察できないので、しばらくゴリラの子どもたちにつきあってみることにする。だるまさんのようなゴリラの体はとてもやわらかく、まるで毛糸玉みたいにコロコロよく転がる。でもけっこう力が強いので、引っぱられたり、突き飛ばされたりすると、わたしもバランスを失って転がることがよくあった。手が長く、足が短いゴリラの体は、なるほど転がって遊ぶために都合よくできているんだなと感心した。

ときどき、ゴリラの子どもがわたしに正面から近づいてきて、わたしの顔をじーっと見つめる。どうやら、遊びたくてしようがないといった顔つきだ。驚いたことに、そんなときゴリラの目が、きらきら光るのである。ふだん黒っぽい目が、金色に変わるような気がする。しかも光を帯《お》びて輝く。ゴリラの好奇心や、わくわくする心が伝わってきて、わたしも思わず心が浮《う》き立つような気分になった。

でもよく見ると、ゴリラの目には白目がない。横を向くと、かすかに白い部分が見える場合もあるが、正面から見ると白目は見えない。なぜだろうと思っていたら、系統《けいとう》的に人間に近いチンパンジーやオランウータン、それにサルたちの目にも白目がないことがわかった。白目がある人間のほうが特殊《とくしゅ》なのである。

なぜ、人間にだけ白目があるんだろう。考えてみたら、人間同士は対面して目を見ることが多い。ゴリラは対面すると、おもむろに近づいてきて目をのぞき込むけれど、人間は1～2メートルぐらいの距離を置いて、相手を見つめる。話をしているときや、いっしょに食事をしているときなど、何時間も対面していることがある。そんなとき、相手の目をしょっちゅう見ているはずだ。

そりゃあ、しゃべるためには対面する必要がある、と思うかもしれない。でも、声に出してしゃべっているので、後ろを向いていても聞こえるはず。どうしてしゃべるときに向き合う必要があるのだろう。どうやら、目の動きを白目によってとらえ、相手の気持ちを読んでいるのではないかと思われるのだ。

よく、目を四角にする、三角にする、丸くする、などという。それは、白目と黒目によって

つくられる表情が豊《ゆた》かなせいなのだ。

世界の人々を見ると、目の色はちがうけれど、白目はみんな共通に持っている。だから白目は、人間が世界じゅうに広がる前に持っていた特徴《とくちょう》で、とても古いものだと思う。しかも、どんな目がどんな気持ちを表すのか、みんな生まれつき知っていて、習う必要がない。言葉はちがうのに、目の動きは世界共通なのだ。これはきっと、とても大事な人間のコミュニケーション能力《のうりょく》にちがいない、とわたしは思った。

でも、ゴリラの目の輝きは、人間の子どもにも見られる。好奇心はどんな動物の子どもにも、目の輝きになって現れるのかもしれない。

第３章

# ゴリラの家族と社会

# 小さく生まれて大きく育つ

おとなになると、オスは200キロ、メスは100キロを超《こ》える巨大《きょだい》なゴリラたち。でも、生まれるときはとっても小さい。人間の赤ちゃんが3キロくらいなのに、ゴリラの赤ちゃんは2キロ以下の小さな体で生まれてくる。

それは、人間の赤ちゃんが丸々と太っているのに、ゴリラの赤ちゃんがとてもやせているからである。わたしはゴリラの赤ちゃんを育てたことがあるが、ほんとうに小さくて手足が細く、抱《だ》くとこわれてしまいそうな気がしたほどだ。人間の赤ちゃんが太っているのは、生まれてからすぐに脳《のう》が急速に発達するせいである。ゴリラの3倍の脳を持つ人間は、それだけたくさんのエネルギーが脳の成長に必要だ。それを、人間の赤ちゃんは脂肪《しぼう》の形でたくわえて生まれてくるのである。

ゴリラの赤ちゃんは手足のにぎる力がとっても強い。生まれてすぐに、お母さんにつかまって移動《いどう》しなければならないからだ。ゴリラは家を持たず、毎日数百メートルから数キロメートルを歩いておいしい食物を探《さが》し、毎晩《まいばん》ちがう場所でベッドを作って眠《ねむ》る。だから、お母さんは赤ちゃんを抱いて運ばなければならない。生まれた直後はお母さんが手で抱いて支《ささ》えるが、す

ぐに赤ちゃんがお母さんの胸《むね》や腕《うで》の毛をつかんでしがみつくようになる。赤ちゃんが自力でつかまってくれないと、お母さんは木に登ったり、枝《えだ》につかまりながら手を伸《の》ばしておいしいフルーツをとることができないのである。

わたしが驚《おどろ》いたのは、ゴリラの赤ちゃんがとてもおとなしいことである。人間の赤ちゃんは生まれてすぐ、おんぎゃあ、おんぎゃあと、けたたましく泣く。でも、ゴリラの赤ちゃんは、うんともすんとも言わない。たまに、口をとがらせてコッコッと小さな声を出す程度《ていど》である。

わたしはそれが、ゴリラの赤ちゃんがずっとお母さんの腕の中にいるせいだと気がついた。ゴリラの赤ちゃんは、いつもお母さんの体につかまっている。気分が悪くなったり、不具合が起こったら、お母さんの毛を引っぱったり、体を動かせば、お母さんは気がついてくれる。だから大きな声で泣いて、お母さんを呼《よ》ぶ必要がない。でも、人間のお母さんは赤ちゃんをベッドに寝《ね》かせたり、ほかの人に渡《わた》したりして、自分の手から放してしまう。人間の赤ちゃんが泣くのは自己主張《しゅちょう》して、自分の世話をやいてもらおうとしているのだ。

ゴリラの赤ちゃんは、いつでもだれかに必死につかまろうとする。手も大きく、いったんつかまるとけっして放さない。人間の赤ちゃんはつかまる力が弱く、人の手から手へと渡されて育つが、だれの手に抱かれても気持ちがいいときは、にっこりとほほ笑む。これが大きなちがいだなあとわたしは思った。ゴリラの赤ちゃんも人間の赤ちゃんもとってもかわいい。周囲にいる仲間がその顔を見にやってくる。しかし、ゴリラのお母さんは生後1年間は赤ん坊を自分の腕から放さない。一方、人間の赤ちゃんはすぐにたくさんの人に抱かれるようになる。ゴリラを通してながめたとき、人間の不思議がわかる。ゴリラとちがって、人間は生まれたときから、みんなにかわいがられて育つことが理解《りかい》できたような気がした。

# えこひいきをしないお父さん

野生のゴリラの赤ちゃんは、少なくとも3年間はお母さんのお乳《ちち》を吸《す》って育つ。でも、生まれてから1年を過《す》ぎると、お母さんや年上の子どもたちが食べているものに興味《きょうみ》を示《しめ》して、手でいじってみたり、口に入れてみたりするようになる。お母さんの食べているのを近くでじっとのぞき込《こ》んだり、食べ残したセロリの切れ端《はし》を拾ってかんでみたりする。

ひとりで歩けるようになると、赤ちゃんはお母さんの手をぬけ出して、いろんなものを手に取って見るようになる。そんな赤ちゃんをお母さんは抱き上げて、お父さんのもとへ運んでいく。お父さんは背中《せなか》が白く、シルバーバックと呼ばれている。この白い背中に赤ちゃんは引きつけられて、その背中によじ登ろうとする。白い毛を引っぱったり、背中をたたいたりする。でも、お父さんは気にしない。ときどきグフームと低い声を出して、じっと動かない。

それを見ると、お母さんゴリラは赤ちゃんをシルバーバックのそばに置いて、自分はそっと

その場を離《はな》れる。そして、ひとりでおいしい食物を探し歩くのである。
置いてきぼりにされた赤ちゃんは、お母さんの姿《すがた》が見えないと、不安そうに辺りをきょろきょろ見回す。でも、心配する必要はない。シルバーバックのそばには、ちょっと年上の子どもゴリラたちが集まってきて、白い背中にもたれかかったり、よじ登ったり、すべり台代わりにして遊びだす。そして、すぐに赤ちゃんに興味を示し、抱き上げたり、くすぐったりし始めるのだ。赤ちゃんはそんなお兄さんやお姉さんに抱きついて、遊びの輪に加わる。
ゴリラの子どもたちは遊び上手《じょうず》だ。赤ちゃんと遊ぶのもうまい。赤ちゃんをこわがらせないように、そっと抱き上げ、後ずさりして赤ちゃんに自分を追いかけさせる。赤ちゃんが積極的にからみついてくると、こんどは押《お》したり、転がしたりしながら、赤ちゃんを誘《さそ》いだす。だんだん赤ちゃんは笑い声を出して遊ぶようになり、ほかの子どもたちと熱心に遊ぶようになる。
このとき、シルバーバックのお父さんは、うつぶせになって知らん顔をしている。でも、ときどき横目で子どもたちの様子をうかがっている。そして、子ども同士でいさかいが起こり、コッコッと怒《おこ》る声や悲鳴が聞こえたりすると、すかさず体を起こして子どもたちを止める。太く長い腕を伸ばして、けんかしている子どもたちの間に割《わ》って入るのだ。子どもたちは、すぐおとなしくなる。それでもけんかをやめなければ、お父さんはグローブのような手で子どもの背中をバンとたたく。

わたしが感心したのは、お父さんがけっして特定の子どもをえこひいきしないことだ。そして、かならず体の小さいほうをかばい、先に手を出したほうをいさめる。だれかを特別にかわいがるのではなく、けんかを止めているということがわかるので、すべての子どもたちがお父さんを慕《した》い、お父さんのまわりに集まるようになるのである。だから、きっとお母さんゴリラも安心して赤ん坊《ぼう》を預《あず》けるんだとわたしは思った。

## たくましいお母さん

ゴリラのオスはおとなになると、胸の筋肉《きんにく》が張《は》り出して威風堂々《いふうどうどう》たる体つきになる。背中の毛が白くなって、体重は200キロを超える。でもメスは、体が丸っこいし、背中も黒いままだ。体重もせいぜい100キロほどで、オスの半分ぐらい。だから、ゴリラのメスはとてもオスにはかなわないと思っていた。

　ところが、予想外のことが起こった。ある日の昼下がり、赤ちゃんを胸に抱いたメスたちが集まって、草の上に寝転《ねころ》がって休んでいたときのことだ。突然《とつぜん》、11歳《さい》の若いオスが背中を反《そ》らせて、のっしのっしとやってきた。人間なら20歳《はたち》ぐらい。まだ背中が白くなっていないが、体はもうメスより大きく、肩幅《かたはば》も広い。この年代のオスは、自分の強さを認《みと》めてもらいたくて、わざと乱暴《らんぼう》にふるまうことがある。このときも、近くにあった木の枝を引きずってメスたちの前をかけぬけてみせた。メスたちは、コッコッコッと不満そうな声を発した。

　でも若オスはひるまない。これ見よがしに背中を反らせ、腕を地面に立てていばって歩いた。すると、突然、子どもを背中に乗せたお母さんゴリラが、ゴッゴッとほえて、若オスに向かっていった。近くに座《すわ》っていたほかのお母さんゴリラも、いっしょになってオスに立ち向かった。周囲からもいっせいにコッコッと非難《ひなん》の声が上がる。さすがに、若オスもたじたじとなって立ち

止まった。

それに追い打ちをかけるように、メスたちは若オスにせまる。なかには手を上げて、若オスをたたこうとするメスもいる。これには若オスもかなわない。グフームとうなって、退却《たいきゃく》していった。わたしはびっくりした。体の小さいメスたちが力を合わせて、いばろうとした若オスを撃退《げきたい》してしまったのである。

ゴリラのメスは意外に強いのかもしれない、とわたしは思った。メスたちは腕力《わんりょく》では若オスにかなわない。しかも、赤ちゃんを抱いている母親は、用心深くなるはずだ。けんかに巻《ま》き込まれて、赤ちゃんがけがでもしたら大変だからである。でも、そんなハンデをものともせず、母親たちは若オスに勇《いさ》ましく向かっていった。力を誇示《こじ》していた若オスにたいして一歩も引かないという強い態度《たいど》だった。

それは、若オスよりずっと体の大きなシルバーバックが背後《はいご》にいるせいかもしれない。実際《じっさい》、子どもたちに乱暴を働いた若オスに、たちまちシルバーバックが飛びかかり、あっという間に組みふせた場面をわたしは何度も見たことがある。子どもを守るために、シルバーバックはとても敏感《びんかん》に反応《はんのう》する。若オスを撃退したメスたちの背後にも、シルバーバックの目が光っていて、若オスはそれにおびえたのかもしれない。

でも、シルバーバックが近くにいなくても、メスたちは若オスを恐《おそ》れたりはしない。むしろ、積極的にオスの行きすぎた行為《こうい》をとがめたり、子どものそばから追い払《はら》ったりするのをわたしは見た。ゴリラのメスはたくましいのである。とくに赤ちゃんを持ったメスは、体の大きなオスも遠慮《えんりょ》するほど気が強くなる。そんな自信に満ちたお母さんゴリラに子どもたちは見守られているのである。

## ヒトリゴリラのタイガー

アフリカのヴィルンガ火山群《ぐん》で仲よくなったゴリラのなかで、タイガーという名前のオスゴリラがいた。わたしが初めて会ったとき、タイガーは12歳。人間ならやっと20歳を過ぎたばかりである。背中の毛はもう白くなり、おとなのオスの特徴《とくちょう》を身につけ始めていたが、顔はまだ幼《おさな》いおもかげを残していた。

ゴリラのオスの多くは、おとなになる前に生まれ育った群《む》れを出て、一人暮《ぐ》らしを始める。タイガーはつい数か月前に一人暮らしを始めたばかりで、出てきた群れの近くを歩きまわっていた。わたしは朝から晩までかれについて歩き、かれが立ち止まって草を食べ始めると腰《こし》を下《お》ろし、かれが寝転がると近くへ行って、かれの寝顔をのぞき込んだ。タイガーと体を接《せっ》するほど近くに座っていたこともある。そんなとき、かれの心の中がすきとおって見えるような気がしたものだ。

タイガーは一人暮らしを楽しんでいるように見えた。そんなタイガーをわたしたち研究者はヒトリゴリラと呼んだ。ふつうゴリラの群れは日が昇《のぼ》るとベッドを出て、リーダーのシルバーバックを先頭にして採食《さいしょく》の旅に出る。おいしいセロリやキイチゴを探して食べ歩きながら、昼ごろに気持ちのいい昼寝場所を見つける。でも、タイガーは朝日が昇ってもまだベッドにいて、ごろごろしていることが多かった。ベッドを出て食物を探し始めても、ちょっと歩いただけで、またベッドにもどって寝転がることもあった。それを見て、わたしは自分が一人暮らしを始めたばかりのころを思い出した。わたしもよく時間にかまわず、ごろごろしていたからである。

でも、タイガーは独《ひと》りの時間を持て余《あま》していることもあった。遠くの山をながめてぼんやりしていたり、低くうなりながら毛づくろいをしていたりするときは、さびしそうな表情《ひょうじょう》に見えた。そして、遠くからシルバーバックが胸をたたくドラミングの音が聞こえると、はっとしたように顔を上げるのだった。

あるとき、タイガーが山のいただきで休んでいると、意外に近くの斜面《しゃめん》からドラミングの音が聞こえてきた。ドラミングに合わせてほかのゴリラの声も聞こえるので、200メートルぐらいしかない。タイガーはじっと音が聞こえた方向を見つめ、思いきったように立ち上がって歩き始めた。いつになく真剣《しんけん》な表情をしている。群れのゴリラたちが見える距離《きょり》まで近づくと、タイガーはそっと草むらから顔を出した。すると、すぐさま群れのシルバーバックが気づき、立ち上がってポコポコポコと力いっぱい胸をたたいたのだ。

それを見ると、タイガーはすぐさま引き返し、一目散に元いた山のいただきまで逃《に》げもどってしまった。きっと恐れをなしたのだろう、とわたしは思った。タイガーはまだ群れのリーダーオスたちと張り合うには若すぎるのだ。タイガーは今朝《けさ》まで寝ていたベッドにあお向けに寝転がると、すやすやと寝息をたて始めた。しかし、ときどき体をふるわせると、あお向けのまま胸をたたこうとするのである。タイガーは夢《ゆめ》を見ているのだとわたしは思った。夢の中でタイガーは立派《りっぱ》に胸をたたいて、おとなのオスらしく自己主張していたにちがいない。

## オスたちの青春

ゴリラの若いオスたちは、思春期になると試練のときを迎《むか》える。それは、メスたちに頼《たよ》られる立派な態度を身につけるための試練である。

ゴリラの社会では、メスは思春期になると自分の生まれ育った群れを離《はな》れる。でも、メスはけっしてひとりになることはない。たまたま出会ったほかの群れのオスや、一人暮らしをしているオスを気に入ると、そのオスについて自分の群れを離れていく。オスと気が合うと、いっしょになって群れをつくり、子どもを産んでいく。

一方、オスは自分の群れを離れても、ほかの群れには入ることができない。その群れのオスが断固《だんこ》としてそれをはばむからである。だから、いったん自分の群れを出たら、一人暮らしをするしかなくなる。それがいやなら、自分の群れにとどまるか、ほかの群れからメスを誘いだして新しい群れをつくるしかない。

そのため、思春期に達したオスたちは、慎重《しんちょう》になる。やはり、一人暮らしはこわいので、なるべく自分の群れにとどまろうとする。でも、だんだんオスらしい行動が出てきて、メスたちにたしなめられ、ついにはリーダーのシルバーバックからきつく叱《しか》られることになる。そうすると、群れの仲間とだんだんかかわらなくなって、名残《なごり》おしそうに少しずつ群れから離れていくのである。

わたしの大好きなゴリラに、タイタスと名づけられた6歳のオスがいた。人間なら小学校の高学年といった年齢《ねんれい》である。まだ、とても子どもっぽかったが、自分の群れを離れて暮らしていた。お父さんやお兄さんのシルバーバックが次々に死んでしまうという不幸に見舞《みま》われ、群れがばらばらになってしまったのである。お母さんとお姉さんは、すぐに近くの群れに加わった。でもタイタスはオスなので、ほかの群れには入れない。しばらく、少し年上のお兄さんたちと3頭で暮らしていた。

そこに、一人暮らしをしていたシルバーバックや若いオスたちが加わって6頭のオス集団《しゅうだん》になった。それから6年間も、タイタスはこのオス集団で暮らすことになったのである。独りだったら、きっとタイタスは生きていけなかっただろう。幸運にも年上のオスたちはとてもタイタスにやさしく、つねにタイタスを気づかってくれた。タイタスは、オスたちのアイドルになったのである。

オスたちは、競い合うようにタイタスと遊びたがった。くんずほぐれつ斜面を転がりまわると、追いかけっこをしながら木のまわりをぐるぐる回る。遊びつかれると、いっしょになって倒れ込んで眠りにつく。いつもタイタスのまわりには笑い声が絶《た》えなかった。

タイタスも年上のオスたちの仲たがいをうまく調整した。食物をめぐってオスたちが対立すると、タイタスはオスたちの間に入ってけんかが起こるのを防《ふせ》いだ。ときには金切り声を上げながらオスの体にしがみつくことがあった。タイタスは仲裁《ちゅうさい》の名人だったのである。

おとなになって、タイタスはほかのオスたちと別れ、メスといっしょに自分の群れをつくった。知られているかぎり、もっとも多くの子どもをつくったといわれている。それはきっとタイタスが思春期にオス集団で得た魅力《みりょく》と仲裁能力《のうりょく》が功《こう》を奏《そう》したのだと、わたしは思う。

# ゴリラの一生

ゴリラはいったい、どのくらいの年まで生きるのだろう。動物園では、アメリカのアーカンソー州にあるリトルロック動物園にいたトラディというメスの63歳が最高齢。名古屋の東山《ひがしやま》動物園で死んだオキというメスは、53歳だったと推定《すいてい》されている。野生では、生まれた月日が完全にはわからないので難《むずか》しいが、わたしが調《ちょう》査《さ》したコンゴ民主共和国のカフジ・ビエガ国立公園で死んだ、ムシャムカというシルバーバックは優《ゆう》に40歳は超《こ》えていた。肩の肉が落ち、顔にしわがめだっていたから、老年期だったことは明らかで、おそらく人間の半分から3分の2ぐらいの寿命《じゅみょう》ではないだろうか。でも人間の寿命だって、医《い》療《りょう》が発達し栄養条件がよくな

る近代までゴリラとそれほど変わらなかったかもしれない。

では、その一生をゴリラはどう生きるのだろうか。ゴリラの赤ちゃんは3～4年もお乳を吸って成長する。しかし、体が大きくなるのは早く、5歳になると50キロを超えるようになる。10歳を過ぎると100キロに達し、オスはさらに成長を続けて、20歳で200キロを超えるオスも現れる。背中は真っ白になってシルバーバックと呼ばれ、後頭部が突出《とっしゅつ》して、まるでヘルメットをかぶったようになる。手首から肘《ひじ》にかけての毛が長くなり、地面に太い腕をつくと、大地から登り立つ力士のような体に見える。

ゴリラのお母さんもお父さんも、とても子ぼんのうでやさしい。でも、両親でいっしょに子育てをするわけではなく、お乳をあたえているあいだはお母さんが主役だ。赤ちゃんは、生まれてから1年間いつもお母さんの腕の中で育ち、乳離れを始める2、3歳になるとこんどはお父さんに子育てがバトンタッチされる。お母さんは子どもをお父さんのシルバーバックのもとへ連れていき、子どもたちはお父さんに見守られながら成長する。

オスとメスの成長の分かれ目は思春期だ。メスの成長のほうが早く、8歳になると体に丸みが出てきてメスらしい態度を示し、群れの近くに寄《よ》ってくる一人暮らしのオス（ヒトリゴリラ）に興味を示すようになる。そして、ほかの群れやヒトリゴリラに出会ったときに、電撃的にオスのもとへ走って、嫁入《よめい》りする。移《うつ》った先で子どもを産めば、しばらくはそのオスのもとで子育てをするが、子どもを産まずにちがう群れやオスのもとへふたたび移っていくメスもいる。メスが一人暮らしをすることはなく、かならずオスといっしょに行動し、一生のあいだに4、5頭の子どもを産むことになる。

一方、オスはゆっくり成長し、13歳ぐらいでやっとオスらしい体つきになる。胸の毛がなくなって筋骨《きんこつ》たくましく、肩を怒《いか》らせて歩くようになる。このころになると、父親から叱られることが多くなり、新天地を求めて群れを出ていくのである。でもメスのようにほかの群れへは入れず、しばらく一人暮らしをしなくてはならない。そのあいだに、その土地の食物や安全な場所を覚え、メスに気に入られるような態度を学ぶ。やがて、メスがやってきて子どもをつくれば、家族のリーダーとしてふるまうようになる。リーダーとなったオスは群れを追い出されることはない。やがて老年期に入ると、メスもオスも子どもたちに囲まれて生涯《しょうがい》を終えるのである。

## 毛づくろいとクールな関係

サルがよくやる毛づくろいという行動を知っているだろうか。サルが自分や仲間の毛を手でかき分けて、なにかをつまんで口に入れる行動で、英語でグルーミングという。毛皮におおわれた動物たちは、ダニ、ノミ、シラミなどの寄生虫《きせいちゅう》に悩《なや》まされる。しょっちゅうこれらの寄

生虫を除去《じょきょ》しないと病気にかかるし、栄養を取られて不健康になる。ほ乳類はふつう、口を使ったり、木や岩に体をこすりつけたり、沼地《ぬまち》で転げまわったりして寄生虫を除去する。バッファローやキリンのように、ウシツツキという鳥を背中に乗せて、寄生虫を食べてもらう動物もいる。でも、サルは手があるので、たくみに指とつめを使って虫をつまみあげることができるのだ。

　サルを観察していると、一日のうちに何度も仲間たちが寄りそって毛づくろいを始める。いそいそと仲間のもとへ歩み寄って肩や背中の毛をかき分けたり、ひとりで座って腕や足の毛をかき分けたりするサルもいる。口に入れるのはノミやシラミ、そして毛の根元に産みつけてあるシラミの卵《たまご》である。毛づくろいされているサルは、いかにも気持ちよさそうに、うっとりとした表情を浮《う》かべて目をつぶっている。ちょうどわたしたちが床屋《とこや》さんで整髪《せいはつ》してもらっているような心持ちなのだろう。毛づくろいし合うサルたちは、親子、兄弟姉妹や、仲よしの友達であることが多い。つまり、毛づくろいは親しさを表す行動でもあるのだ。

ゴリラを見ていてわたしが当惑《とうわく》したのは、ゴリラが仲間とほとんど毛づくろいをしないことである。ゴリラも全身が毛でおおわれているし、ノミやシラミもいる。だから、自分で毛づくろいはするのだが、なぜかめったに仲間を毛づくろいしようとはしないのだ。ゴリラは手が長いので、自分の体のいたるところをかくことができる。でもゴリラより手の長いサルはいくらでもいるし、手が届《とど》いても見ることができない背中は効率《こうりつ》が悪そうだ。

サルと同じように毛づくろいされるのは赤ちゃんだけだ。でも、乳離れするようになると、お母さんはあまり毛づくろいをしなくなる。子どもたちはシルバーバックのまわりに集まり、その白銀の毛をかき分ける。でもあまり熱心にはやらない。メスたちはほかのメスとも、シルバーバックともめったに毛づくろいはしない。ただ、出産したばかりのメスにシルバーバックが寄りそい、長い時間毛づくろいしていることがあった。ふだん休むときは、大きなおなかをつけあったり、たがいに体をもたれあったりして眠る。接することがきらいなわけではないのだ。

わたしはそれを、満員電車の中の他人との関係のようだと思った。電車が満員になると人々は体を接するようになるが、だからといってそれ以上親しくなろうとは思わない。ゴリラのメスたちは、それぞれ別々の群れからやってくるので、生まれつき親しいわけではない。群れでいっしょに暮らしているから近くにいるのはいいが、積極的にかかわることはしないのだろう。だからこそ、おたがいに対等な関係を築《きず》けるのかもしれない。ゴリラはじつにクールな関係を保《たも》って暮らしているのである。

## ドラミングと歌舞伎《かぶき》

歌舞伎を見たことがあるだろうか。日本が誇《ほこ》る伝統芸能《でんとうげいのう》の一つで、武士や町人《ちょうにん》の世界に起こるさまざまな物語を派手《はで》な脚色《きゃくしょく》で演《えん》じる。歌舞伎に独特《どくとく》ないくつかのポーズがあるが、なかでも見得《みえ》と呼ばれるポーズはよく知られている。物語が終わりにさしかかったり、クライマックスを迎えたときに、主役が手を広げたり、首をふったり、大きく足を踏《ふ》み出したりしながら、大げさな動作で一瞬《いっしゅん》停止する。観客の注意を引きつけて場面を盛《も》り上げるために使われる表現である。舞台の上手《かみて》で、木の板にツケ木が打ちつけられると、観客の気分は最高潮《さいこうちょう》に達する。

とくに有名なのは、「勧進帳《かんじんちょう》」の中で武蔵坊弁慶《むさしぼうべんけい》が演ずる見得である。兄の源頼朝《みなもとのよりとも》と不和になった義経《よしつね》は、山伏《やまぶし》の姿になった弁慶を先頭に、関所《せきしょ》を通りぬけようとする。疑《うたが》われて通行を止められた弁慶が、主君である義経を打ちすえて疑いを晴らすという話である。これを見たとき、わたしははっとして、思わず手をにぎりしめた。ゴリラのドラミングにそっくりだったからである。

ドラミングは、ゴリラが二足《にそく》で立ち上がって胸を張り、両手で交互《こうご》に胸をたたく行動だ。ゴリラののどから胸の下にかけて大きな袋《ふくろ》があって、息を吸うと空気がこの袋にたまって、太鼓《たいこ》のようになる。だから、胸をたたくと、ポコポコポコという高くすんだ音が辺りいっぱいにひびきわたる。背中の白いシルバーバックのドラミングがとくに勇壮《ゆうそう》で、辺りを圧《あっ》する迫力《はくりょく》がある。まわりにいるメスや子どもたちは、こぞってシルバーバックのほうを見つめ、これからなにが起こるかをじっと見守る。このドラミングと歌舞伎の見得がそっくりなのである。

じつはこのドラミングは長いあいだ、ゴリラの戦いの意思表示だと思われてきた。アフリカでゴリラに会った欧米《おうべい》の探検家《たんけんか》たちは、おそわれると思ってすぐに銃《じゅう》の引き金を引いた。ゴリラは凶暴《きょうぼう》で戦い好きな野獣《やじゅう》とみなされ、捕《と》らえられて動物園に送られても、頑丈《がんじょう》な鎖《くさり》につながれた。でも、それから100年以上たって、野生のゴリラがくわしく調査されるようになると、この行動が戦いの宣言《せんげん》ではなく、自己主張のであることがわかってきた。ドラミングの

ほんとうの意味は、戦わずして、対等な立場で引き分けようという平和の提案《ていあん》だったのである。二足で立ち、胸を張り、肩を怒らせて正面をにらみつけ、胸をたたく姿はとても美しい。ゴリラのオスがほんとうに格好《かっこう》いいと思われる瞬間だ。見得を切る歌舞伎役者がすてきに思えるのも、このポーズがもっとも男らしく見えるからである。しかも、ドラミングも見得も自己主張であって、けっして戦いの宣言ではない。

しかし、待てよ、とわたしは思った。歌舞伎は江戸時代の初期に生まれた日本の芸能である。当時まだ、ゴリラの存在《そんざい》は日本に知られていなかったはずだ。すると、見得はゴリラのドラミングをモデルにしてはいない。独自に、ゴリラと日本人が作りあげた動作だ。それが似《に》ているということは、自己主張するオスと男の構《かま》えの美しさが似ているということにちがいない。ゴリラの社会も歌舞伎のような期待を、集団を率《ひき》いるリーダーオスにたくしているのかもしれないのである。

第4章

# ニホンザルを追いかけて、屋久島へ

# ゴリラとのちがいを探《さぐ》りに

アフリカで最初のゴリラ調査《ちょうさ》を終えて日本へ帰国したわたしは、ふたたびニホンザルの調査をしてみようと思った。ゴリラの印象があまりにもニホンザルとちがったので、もう一度そのちがいを見つめ直してみようと思ったからである。

その最適《さいてき》な場所が鹿児島《かごしま》県の屋久島《やくしま》だった。以前、ニホンザルの生息域《せいそくいき》を北から南まで歩いたわたしは、その南の端《はし》に当たる屋久島に行き着いた。それはニホンザルの楽園ともいうべき場所だった。日本列島のいたるところで、ニホンザルは自然の生息場所を失いつつあった。ニホンザルの食べ物が豊富《ほうふ》に得られる自然林は伐採《ばっさい》されて、スギやヒノキが植林されていた。大《だい》規模《きぼ》な舗装《ほそう》道路が山々を貫《つらぬ》いて、大きな橋やトンネルが自然景観を一変させていた。もはや、ニホンザルたちが人目に触《ふ》れずに生きていける場所はほとんど見当たらなかった。そのなかで、屋久島はただ一つニホンザルが自然生活をじゅうぶん楽しめるところだったのである。

ニホンザルは今から45万~60万年前に朝鮮半島《ちょうせんはんとう》を通って日本へやってきた。当時は今よりも気温が低く、多くの海が氷になっていたので、海面がずっと低くて大陸と陸続きになったからである。日本列島の気候も冷涼《れいりょう》で、ニホンザルも南のほうの比較《ひかく》的暖《あたた》かい森で暮《く》らしていたと思われる。以後、暖かくなると海面が上がって日本列島は孤立《こりつ》し、寒くなるとふたたびつながった。奄美大島《あまみおおしま》や沖縄《おきなわ》の島々は深い海にさえぎられて、九州と陸続きになることはなかった。泳ぎのあまり得意でないニホンザルは、屋久島より南へ行くことはできなかったのだ。

屋久島は周囲130キロメートルほどの円形の島である。中心部は高い山がいくつも立ち並《なら》んでいて、最高峰《ほう》の宮之浦岳《みやのうらだけ》は標高1936メートルもある。海岸部には一年中フルーツが実る亜《あ》熱帯性の植物がしげり、山頂《さんちょう》部分は亜寒帯性のシャクナゲやササの群落《ぐんらく》におおわれる。つまり、ニホンザルの分布《ぶんぷ》域の南から北まで、すべての生息域を屋久島の海辺から山頂部にかけて見ることができるのである。

しかも、人々は海岸部に畑を作り、魚を捕《と》りながら暮らしていて、猟師《りょうし》さん以外はめったに山奥《やまおく》には足を延《の》ばさなかった。近年、スギやヒノキの植林事業が大規模に実施《じっし》されたが、人の手が入らない原生林がまだ残されている。そういった深い森の中で、サルたちは自由気ままに暮らしていたのである。

海岸部から山頂部まで連続して森が残されている屋久島の西部で、初めてサルを見たときの印象がわたしは忘《わす》れられない。遠くからホイヤーと甲高《かんだか》い声が聞こえたかと思うと、あちこちで木々が揺《ゆ》れ、サルたちが枝《えだ》から枝へと飛び移《うつ》り始めた。その姿はまるで妖精《ようせい》のように軽々と視界《しかい》を超《こ》えて、またたくうちに深い谷底へと消えていった。ふさふさとした長い毛をしたたくましいオスザルや、子どもをおなかに抱《かか》えた母親ザル、さらに身軽な子どもザルたちが、クーイ、ホーイと鳴き交《か》わしながら群《む》れをなすありさまは、とても幸せに見えたのである。そこには、けっして人間にもゴリラにも、まねのできない世界が広がっていた。

## 地元の人とフィールドワーク

野生動物のことをよく知るためには、かれらが暮らしている自然の中に入っていかねばならない。動物たちがなにを食べ、なにをどう感じ、仲間たちといかに仲よく生きているのかを知る必要があるからだ。これがフィールドワークだ。

わたしが初めて本格的にフィールドワークをしたのは鹿児島県の屋久島で、京都大学の大学院生のころだった。ここでわたしは、仲間の学生たちと海岸近くの一軒家《いっけんや》を借り、毎日オートバイで村から十数キロメートル離《はな》れた森へ通《かよ》った。そこでは、海岸線から険《けわ》しい断崖《だんがい》が立ち上がっていて、深い緑の森がびっしりと広がっている。わたしたちは険しい斜面《しゃめん》を登り下りしながら、自由気ままに暮らしているニホンザルを朝から晩《ばん》まで追いかけて、その行動を記録して歩いたのである。

でもわたしは、サルのことを知る前に、地元の人たちから多くのことを学んだ。朝起きると山並《やまな》みをながめて、雲の動きを見る。どの方向へ雲が流れているかによって、今日の天気が予《よ》測《そく》できる。山は尾根《おね》ごとに名前がついていて、岩を抱《だ》いて太い根を張《は》る大木や風雨を避《さ》ける岩屋があり、かっこうの目印になっている。それを知っていれば、人けのない森に分け入っても迷《まよ》うことはない。険しい岩場も、下《お》り口を知っていれば恐《おそ》れることはない。暗い森の中を歩き、勢《いきお》いのいい沢の流れに戸惑《とまど》っても、辺りを見渡《みわた》して見覚えのある風景を見つければ、ほっとするものだ。素早く動くサルたちに置いてきぼりをくっても、行き先を予測して、先回りすることもできるのだ。こうしてわたしたちは地元の人たちに山の名前や歩き方、野宿の場所などを教えてもらいながら、しだいに屋久島の自然に溶《と》け込んでいけるようになった。

さらに、地元の人たちにお世話になったのは食生活である。おいしい魚が釣《つ》れる磯《いそ》や、自生している竹を切ってきて、釣りざおを作る方法、海にもぐって魚を捕る技術《ぎじゅつ》も習った。干《かん》潮《ちょう》になれば、磯を歩いてたくさんの貝を採集《さいしゅう》できる。ヤマイモを見つけて掘《ほ》り出す技術や、ツワブキ、タケノコの調理法を教えてもらったおかげで、日々の暮らしがとても豊《ゆた》かになった。たまに収穫物《しゅうかくぶつ》を持って近所の家を訪問《ほうもん》すると、ごはんを食べさせてくれ、お酒までごちそうになった。まさに、生きる喜びとは、いっしょに食べる喜びだということを学んだ。

そのうちわたしは誘《さそ》われるままに、地元の行事に参加して、屋久島の文化を肌《はだ》で感じるようになった。年の節目《ふしめ》に行われる数々の祭礼は、それぞれの準備《じゅんび》に人々を巻《ま》き込《こ》みながら、人々の心に深く根を下ろしている。サルを調査しにやってきたわたしは、四季折々に移《うつ》り変わる自然と人々の調和ある暮らしに思わず目を開かされることになったのである。サルたちもまた、自然と調和しながら独自《どくじ》の暮らしを進化させてきたにちがいない。自然の大切さと文化への大きな影響《えいきょう》を、わたしはサルと地元の人々を通して学んだのである。

## 歌とおどりを覚える

鹿児島県の屋久島で野生のサルを観察し始めたころ、わたしは地元の人たちとサルの話をするのが楽しみだった。当時は、山仕事をする人以外は、地元の人たちもあまり森に入らなくなっていた。トビウオ漁やサバ漁がいそがしかったし、あちこちで道路や橋を建設《けんせつ》する仕事があった。そのため、昔のように森に分け入って、庭木にからませるシラタマカズラをとったり、ムラサキシキブの実がついた小枝を折ってきて花びんに生けたり、クサギの木を使ってイカを釣るためのルアーをこしらえたり、といった優雅《ゆうが》な遊びに興《きょう》じることが少なくなった。

でも、ときどき林道でシカやサルに出会う。そんなとき、じい様やばあ様のころはどうだったのかと思いをはせることがある。そこで、毎日サルを追って森を歩いているわたしたちの話を聞いてみたくなったそうだ。

夜、山から帰ってくると、いろんな家からお呼《よ》びがかかり、夕ごはんをごちそうになる。森の話に花が咲《さ》き、昔のころの話も出る。おもしろいのは、それが歌になって残っていたことだ。

しかも、その歌詞《かし》に合わせて、あざやかなふりをつけておどるのである。やがて、わたしたちも見よう見まねで、森の出来事を小噺《こばなし》にして歌うようになった。地元の人々の洗練《せんれん》されたおどりからすると、不格好《ぶかっこう》なふりつけだったが、いちおうおどりも自作自演《じさくじえん》するようになった。勢いづいて、ついお酒を飲みすぎ、帰りに千鳥足で畑の中に倒《たお》れ込み、そのまま朝まで眠《ねむ》ってしまうこともあった。

わたしは、アフリカの森の暮らしを思い出した。ゴリラのいる森でも、わたしは地元の人たちと歌っておどったものだった。森をよく知っているトゥワ人たちは、昼間に出会った動物たちの格好をまねておどる。ゾウの鼻のように顔から腕《うで》を伸《の》ばし、手をひらひらさせてゾウの大きな耳を表現する。尻《しり》をまくってヤマアラシのように背中《せなか》で威嚇《いかく》してみせる。そのうち、だれかが太鼓《たいこ》をたたき始め、拍子《ひょうし》をとりながらおどり始める。そうなったら、もうだれも止められない。われもわれもと次々に立ち上がっておどり始め、やがてみんな輪になって回る。

わたしも誘われてよくおどったものだ。たくみなおどり子たちの体の動きに合わせていくうちに、自分がゾウや、ゴリラやイノシシになったような気になり、森に溶け込んでいくような気がしたことを覚えている。

ああ、屋久島もアフリカも、森が深いところでは自然が人々をその懐《ふところ》に迎《むか》え入れてくれるんだなあ、とわたしは思った。ここの自然は人間にたやすく征服《せいふく》されるほど弱くない。人々が恐る恐る近づき、なんとか体で同調しようとするとき、自然はやさしく胸《むね》を開いてくれる。それをわたしは地元の歌とおどりから学んだのである。

## あこんき塾《じゅく》をつくろう

鹿児島県の屋久島で野生のニホンザルを調査していたころ、地元では若者たちが集まり始めていた。みんな東京や大阪などの都会で働いてから、故郷《ふるさと》の屋久島へもどってきた若者たちである。なかには、屋久島にあこがれ、ここに住みたいと思ってやってきた若者たちもいた。

共通の話題は、屋久島はわたしたち人間にとってなんなのか、だった。そのころ、屋久島には近代化の波が押《お》し寄《よ》せてきていた。魚群探知機《ぎょぐんたんちき》や無線を使う漁船が増《ふ》え、他県から大型の漁船が次々にやってきたおかげで、豊富にいたサバやトビウオがしだいに姿《すがた》を消し始めた。サバ節工場は閉鎖《へいさ》され、トビウオ漁も不振《ふしん》になった。森は伐採されてスギの木が植林され、屋久島中央部に残る保護区《ほごく》以外に、木を切る場所がなくなった。漁業も林業も成り立たなくなり、人々は道路工事や護岸工事へと仕事を求めた。おかげで、屋久島一周道路が完成し、あちこちの海岸がコンクリートで補強《ほきょう》された。

交通の便はよくなり、安全な暮らしが営《いとな》めるようになった。でも、自然がずっと遠ざかってしまったような気がする。屋久島は四季折々の自然のめぐみがあり、虫や鳥や動物たちが季節ごとにさまざまな姿を見せてくれた。しかし、コンクリートの建築物《けんちくぶつ》が増えて、都会とあまり変わらない風景になり、屋久島のよさが感じられなくなってしまった。これでいいのだろうか、とみんな思い始めたのである。

そこで、昔の人たちがどのようにして自然とつきあってきたかを調べてみようということになった。ところが、屋久島にはそういった記録がほとんど残っていない。薩摩藩《さつまはん》に支配《しはい》されていたころ、島には歴史の記録を残さないように指図《さしず》されていたらしい。やむなく、みんなで手分けをして、言い伝えとして残っていることや、伝統的《でんとう》なおどりや、習わしを調べてみることにした。

いろんなことがわかってきた。島の人は「サル」とは言わず、大将《たいしょう》と言う。島の人にとって「去る《サル》」という音は長い別れを意味するので、なるべく避《さ》けたいという気持ちがあったのだろう。島の昔話に、サルが下手《へた》な俳句《はいく》をよみ、それをカメがからかう話がある。怒《おこ》ったサルは、石を投げてカメの甲羅《こうら》を割《わ》ってしまうが、かわいそうに思ったサルは割れた甲羅をカズラでくくり、そのおかげでカメの甲羅には今でも割れたあとがあるというのである。昔の人々の目に、サルは利口でいたずら好きな、でも情《なさ》けのある動物として映《うつ》ったのだろう。

わたしたちは、この活動グループを「あこんき塾」と名づけた。「あこんき」とはアコウの木という土地の言葉で、長い気根《きこん》をのばすイチジクの仲間だ。たきぎにも材木にもならないが、大地にしっかりと根を下ろし、屋久島を支えてくれる。そんな樹木《じゅもく》のようになりたい、という意味が込められていた。

## サシバの目で世界を見る

鹿児島県屋久島で、自然と文化を見直す若者たちの会「あこんき塾」を立ち上げて、最初に取り組んだのは、サシバの渡《わた》りを観察することだった。

サシバというのはワシタカ類で、おなじみのトビの仲間だ。尾羽の先が三味線《しゃみせん》のバチのように切れ込んでいるトビとちがって、サシバの尾羽は扇《おうぎ》のように開く。下から見ると腹側《はらがわ》の羽が白く、尾羽のしま模様《もよう》が青い空にくっきりと浮《う》かんで見える。

毎年、秋になると群れをなして、樺太《からふと》辺りから北海道、本州を南下して南へと渡り、春に北上していく。壮大《そうだい》な群舞《ぐんぶ》が日本列島の各所で見られる。屋久島でも10月ごろになると島の上空をサシバが渡っていくのが見られ、それを「タカ渡りの天気」と呼ぶ。優勢《ゆうせい》な高気圧《こうきあつ》が張り出して、台風が来る季節の終わりを意味するらしく、人々は秋の収穫の準備を始める。しかし、いったいいつごろ、どのくらいの数のサシバが渡っていくのかだれも知らなかった。

そこで、あこんき塾のメンバーで手分けをして島の各所に待機し、無線で連絡《れんらく》を取り合って、渡っていくサシバの数を数えてみようということになった。いつサシバがやってくるかは、日本の北のほうでサシバを見ている人から情報《じょうほう》をもらえばいい。幸い、日本野鳥の会が協力してくれることになり、愛知《あいち》県の伊良湖岬《いらこみさき》と連絡を取り合うことになった。伊良湖岬は昔から

サシバの通り道である。ここを通ったサシバがどこへ行くのか、一直線に南へ行くのか、分かれるのかということも、よくわかっていなかった。

さらにうれしいことに、NHKラジオがこのサシバの渡りの様子を実況《じっきょう》で全国に流し、あこんき塾の情報も加えてもらえることになった。おかげで、サシバがいつどこを飛んでいるのかという情報を、各地で共有できるようになった。わたしたちは小躍《こおど》りした。すばらしい！

野鳥の会を通じて、全国各地からサシバの情報が入ってきた。伊良湖岬に飛来したという一報を受け、あこんき塾のメンバーは3か所の港に集まった。屋久島は丸い島で、中央には標高1500メートルを超《こ》える山々が鎮座《ちんざ》している。サシバはその峰《みね》をかすめて飛ぶだろうから、海岸から山々を取り囲むように見上げて数を数えれば、なるべく多くのサシバをカウントできるだろうと見込んだのだ。

2日間の観察で、わたしたちは約1300羽のサシバを数えた。一度に200羽を超える大群で飛来したサシバもいた。ちょうど土日に当たったため、家族連れで参加してくれた人も多く、サシバが来るたびに歓声《かんせい》が上がった。あこんき塾の観察記録はNHKのラジオで実況中継《ちゅうけい》され、観察風景はテレビでも放映《ほうえい》された。日本の各地とつながることで、屋久島が日本の一部であることを実感できたことがうれしかった。サシバが日本の人々をつないでくれたのである。サシバたちは、屋久島の森と人々をどうながめているんだろう。サルの目に慣《な》れきっていたわたしは、鳥の目で世界を見ることを覚えた。

第5章

# 家族でアフリカの森へ

# 一家を構《かま》えてこそ認《みと》められる

ゴリラの調査《ちょうさ》でアフリカへ行くようになってから、10年が経過《けいか》した。その間《かん》にわたしは結《けっ》婚《こん》し、2人の子どもができた。それをだれよりも喜んでくれたのは、アフリカでいっしょにゴリラの調査をした人々だった。

わたしが家族をつくりたいと思ったのは、ゴリラを観察し始めてからである。いかめしい顔をして、力士のような巨体《きょたい》でわたしを圧倒《あっとう》するオスゴリラも、メスや子どもゴリラに接《せっ》するとやさしい顔になる。赤ん坊《ぼう》を抱《かか》えたメスがそばにやってくると、グフームと低くうなって歓迎《かんげい》するし、子どもが背中《せなか》によじ登っても、じっと動かずに遊ばせてやる。人間のように顔をくずして笑うことはないが、きっとうれしくてしようがないんだと、わたしは思う。

そんなわたしの気持ちを地元の人たちに打ち明けると、みんな真顔《まがお》になってわたしに家族をつくれとすすめるのである。こちらでは子どもを持たないと男は一人前ではない。一家を構えてこそ、社会から信用されて仕事を任《まか》せられる人間になると口々に言うのだ。

言われてみると、ゴリラのオスも似たようなところがある。当時、ニンジャと名づけた若いオスが、メスを連れて父親のムシャムカのもとを離《はな》れ、自分の群《む》れをつくり始めた。群れを出る前は、体はじゅうぶん大きいものの、まだ幼《おさな》い表情《ひょうじょう》が残る若者だった。ところが、独《ひと》り立ちしたとたん、後頭部が突出《とっしゅつ》してきて顔が大きくなり、背中の白い毛が輝《かがや》きを増《ま》した。威風《いふう》堂々《どうどう》たる歩きぶりにはリーダーとしての自信がみなぎっている。

30代になって結婚したとき、地元の人たちは遠い日本の出来事をわがことのように喜んでくれた。ぜひ家族を連れてこいと言われ、わたしもその気になった。家族ともども地元の社会に

受け入れてもらい、わたしがおとなになったかどうか、人々にもゴリラにも見定めてもらおうと思ったからである。しかし、すでにアフリカ経験《けいけん》のある妻《つま》はともかく、3歳《さい》の息子と1歳の娘《むすめ》にとっては大変な経験だったと思う。

日本から飛行機を何度も乗り継《つ》ぎ、陸路で国境《こっきょう》をわたって、コンゴ民主共和国の東部に入国した。ゴリラがすむ国立公園のすぐそばに、ベルギーの植民地時代に建てられた古い研究所がある。その一角にある大きな木造《もくぞう》の家に、わたしたち家族は住むことになった。

書斎《しょさい》と寝室《しんしつ》のほかに、大きな窓《まど》がついた食堂があって、木々が生《お》いしげる広い庭が見渡《みわた》せる。裏手《うらて》には畑があって、穀物《こくもつ》や野菜のほかにコーヒーを栽培《さいばい》している。朝は鳥の声で目覚め、まばゆい太陽の光にさまざまなチョウや虫が飛び交《か》う。垣根《かきね》の向こうからは、子どもたちの歓声に混《ま》じって、牛やヤギの声が聞こえてくる。夕刻《ゆうこく》にはコウモリが空を舞《ま》い、夜には屋根を走る得体の知れない動物の気配に耳をすます。そんなのんびりとした、でも毎日新しいことに目を見張《みは》る日々が始まった。

## アフリカの食卓《しょくたく》をつくるもの

わたしたち家族はコンゴ民主共和国で、富士山《ふじさん》と同じくらい高いカフジ山《さん》の中腹《ちゅうふく》の家に住むことを決めて、深い緑に囲まれた森の暮《く》らしを始めた。まずは食料を手に入れなくてはならない。

しかし、近くには店がないし、街までは数十キロメートルもあって、そう頻繁《ひんぱん》には買い物に行けない。さて、どうしたものかと案じていると、そんな心配は無用とばかり、次々に食料を持って人々が現れた。まず、やってきたのは男の子で、なにやら丸い物をバナナの皮で数珠《じゅず》つなぎにくるんでいる。開けてみると、卵《たまご》だった。日本の卵の半分ぐらいの大きさで、落としても割《わ》れないほどかたい。割ってみると、黄身が白っぽく、なかにはヒヨコになりかけているものもある。目玉焼きにすると、とても味があっておいしい。

今しがたとったばかりの、手のひらほどもある大きなキノコを両手にいっぱい抱《かか》えてやってきたおじさん。こんな大きなキノコはあまり見かけないのだが、このおじさんは秘密《ひみつ》のありかを知っているらしい。焼いたり、いためたり、鍋《なべ》で肉といっしょに煮《に》たりして食べた。かさが厚くて歯ごたえ

がある。

長いつえをついてやってくるおじいさんは、頭に大きなプラスチックのたらいをのせている。中にはバナナの葉が敷《し》いてあって、大小の魚が盛《も》られている。テラピアという近くの湖でとれる魚である。形がタイに似《に》ていて、塩焼きにするとおいしい。ときどきひげのある大きなナマズが入っていて、これもぶつ切りにして煮て食べた。脂《あぶら》が多く、食べすぎるとおなかをこわす。このおじいさんはとても話好きで、昔の様子をよく聞かせてくれた。気分がのると、大きな声で歌うこともあって、子どもたちは、このおじいさんが来るのをとても楽しみにしていた。

大きな布《ぬの》の袋《ふくろ》にさまざまな野菜を入れて頭にのせ、ドサッと玄関先《げんかんさき》に下《お》ろすおばさんもいた。ニンジン、タマネギ、トマト、ナス、キャベツなど、新鮮《しんせん》な野菜がほしかったので、ついたくさん買ってしまう。日光をいっぱい浴びて育ったせいか、野菜はどれも味がこく、水けがあって口当たりがよかった。

そのほかに、ハチミツのしたたり落ちているハチの巣を持ってきたり、ニワトリの足をしばってぶら下げてきたり、ヤギやブタを引いてきたりと、わが家は千客万来《せんきゃくばんらい》だった。

問題は値段《ねだん》の交渉《こうしょう》にとても時間がかかることだ。言い値で買うと、家で働いている人たちから文句《もんく》が出る。「ふっかけられているんですよ。もっと値切りなさい」というわけだ。でも、値切るには理由がいる。この野菜は街ではもっと安く売っているとか、小さくて味が悪そうだとか、それなりの理由をいろいろ言わなくてはならない。おかげで値段の交渉をした妻は、みるみる現地の言葉が上達した。ときには持ってきた食料だけでなく、畑や子どもたち、遠い故《ふる》郷《さと》の出来事にまで話がおよぶ。こうして、わたしたちは森の中の一軒家に住みながら、人々の暮らしや文化を学んでいったのだった。

## アフリカの市場の魅力《みりょく》

ゴリラがすむ森の近くでは、毎日のようにどこかで市場が開かれていた。ゴリラを追いかけて森を歩くために、わたしはいろんなものを市場で買い求めた。やぶを切り開いていくには、パンガと呼《よ》ばれる山林の作業で使う刃物《はもの》がいる。刃を研《と》ぐやすりも必要だ。雨季になれば道はぬかるむし、標高2000メートルを超《こ》える山の上で雨にぬれれば、寒さが身にしみる。長靴《ながぐつ》やレインコートが欠かせない。

市場には、たくさんの人々がやってきた。頭に大きなバナナの房《ふさ》や、野菜かごをのせてやってくるおばさんたち。キャッサバイモやジャガイモを大きな袋に入れて背負《せお》ってくるおばさんたち。身の丈《たけ》の2倍ほども炭を積み上げて運んでくる人々。野焼きで作ったつぼを大切そうに抱えてくるおじさん。

子どもたちはサトウキビの太い茎《くき》を1本か数本、頭にのせている。おなかがすいたら、それを切って何度もかむのだ。甘《あま》い汁《しる》がジュッとわき出て、元気が出る。

牛やヤギを追い立ててやってくる少年たちもいた。ときどき、ヤギが逃《に》げ出して騒《さわ》ぎが起こる。みんな市場へ向かって列をなして進んでくる。市場に近づくにつれて、人々の数も声も多くなり、なにやら、華《はな》やいだ気分が高まってくる。

わたしはよく、２人の子どもや妻と連れ立って市場へ出かけた。市場に着くと、日本人がめずらしいのか、たくさんの子どもたちが寄《よ》ってくる。歩いていると、おばさんたちが次々に声をかけてくる。みんなよそゆきの服を着て、はしゃいでいる。まるでお祭り気分だ。

そう、新聞も電話も、インターネットもないこの地方で、市場はみんなが集《つど》い、それぞれの暮らしの情報《じょうほう》を交換《こうかん》する大切な場所なのだ。ファッションを競う場所でもある。人々がそれぞれ丹精《たんせい》を込《こ》めて作った大切な物を持ち寄って、それを売り買いしながら話を交わす。なかにはタマネギをほんの１束、タバコを数本持ってやってくる人もいるし、わずかな小銭《こぜに》をにぎりしめてやってくる子もいる。たとえ欲《ほ》しいものが見つからなくても、持っていったものが思うような値段で売れなくても、いろんな人々と会って話ができることが楽しいのだ。

市場をひやかして歩いていると、乾《かわ》いた根っこや葉っぱ、動物の骨《ほね》などを並べているおじさんがいる。聞くと、いろんな病気に効《き》く薬だという。白っぽい土のかたまりは、妊娠《にんしん》中の女性が気分が悪くて苦しんでいるときにかじるのだそうだ。おじさんは市場から市場へ渡り歩いていて、各地の事情に通じているので、みんなが話を聞きにやってくる。

うちの子どもたちが驚《おどろ》いたのは、市場ではまだ温かい肉が売られていて、そのすぐ裏手では牛やヤギが解体《かいたい》されていたことだった。肉は骨から手際《てぎわ》よくはがされ、適当《てきとう》な大きさに切られて台の上に並ぶ。市場の楽しいざわめきのなかで命が受け渡されていく。人が他の命を食べながら生きていく現実を、子どもたちはしっかりと目に焼きつけたのだと思う。

## ジャングルを食べる

わたしたちが住む家の近くには、標高3308メートルのカフジ山を望む、深い森が広がっていた。ここにいるのはヒガシローランドゴリラといって、マウンテンゴリラより顔が長くて、毛が短く、そして体が大きいゴリラだ。

マウンテンゴリラのすむヴィルンガ火山群《ぐん》の山々より少し標高が低い、2000メートル前後の森にたくさんの動物たちが暮らしていた。とくにサルの種類が多く、鼻にハート形の白い模様《もよう》があるアカオザルや、鼻筋《はなすじ》が白いフクロウグエノン、首の部分がえり巻《ま》きのように白くなっているロエストグエノンなど、色とりどりの8種類のサルが枝《えだ》から枝へと飛びまわっていた。

標高が1000メートルほどちがうだけで、なぜこんなにサルの種類が増《ふ》えるのだろう。そんな疑問《ぎもん》を抱《いだ》きながら森を歩いていると、ゴリラのふんに出くわした。まだ新しい。さっそく割って中身を調べてみると、いろんな形の種子が入っている。おやっとわたしは思った。マウンテンゴリラのふんには、めったに種子は見つからない。セロリやアザミなどの草が主食だからだ。ここにすむヒガシローランドゴリラは、フルーツをたくさん食べているのだろうか。

辺りを見渡してみると、たしかにカフジの森にはフルーツがあちこちに実っていた。キイチゴが真っ赤に熟《う》れているし、紫色《むらさきいろ》の実が枝先に重そうに下がっている木もある。枝や幹《みき》に直接実が、ぼこぼこなっているイチジクの木もある。ばさっと枝が揺《ゆ》れた先に、次々とサルたちが顔を見せた。どうやらフルーツを食べにやってきているようだ。この森にサルたちがたくさんいるのは、フルーツが豊富《ほうふ》に実るせいにちがいない。

なぜ、サルはフルーツが好きなのか。それは、フルーツがサルたちに食べられるように作られているからだ。動けない植物は、種子をまいてもらうためにサルたちを誘《さそ》う。それが甘い果肉だ。サルは果肉をかじって甘いジュースを飲んでいるうちに、種子も飲み込んでしまう。そして森を歩きまわりながら、日当たりのいい、種子が発芽しやすい場所でふんをする。それが植物たちの作戦なのだ。

もともとフルーツは、鳥に食べてもらうために進化した。鳥は歯がないからフルーツを種子ごと飲み込んで飛び立ち、空から種子をまいてくれる。でも、歯と器用な手を持つサルは、おいしい果肉だけ食べて、種子をはき出してしまう。そのため、植物たちはサルに飲み込まれやすいように工夫をこらしている。カキの種子のように長細くすべりやすい形をしていたり、ウメの種子のように果肉がはがれにくくなっていたりするのはそのせいだ。

そうか、ジャングルは植物と鳥やサルたちの知恵比《ちえくら》べで成り立っているんだなあ、とわたしは思った。十数年しか寿命《じゅみょう》のない野生のサルたちと数百年生きる樹木《じゅもく》たちが、自分たちが有利になるようにそれぞれの特徴《とくちょう》を進化させながら、たがいに調和し合うように共存《きょうぞん》している。ジャングルは、食べるという営《いとな》みを通じて、不思議な命のつながりを垣間《かいま》見せてくれるのである。

## バナナでお酒を造《つく》る

コンゴの山の中の村で暮らしているうちに、わたしはよく家のそばに舟《ふね》のようなものが置いてあるのに気がついた。太い木の幹をけずって、1本の木で作られた舟のように仕立ててある。水に浮《う》かべたら、すべるように動きだしそうだ。

でも、ちょっと待てよ、とわたしは考えた。ここには舟を浮かべるような大きな川はない。眼下《がんか》に広々とした湖が広がっているが、ここから数キロメートルはある。なんでこんな遠くまで、しかも山の上まで舟を運んでこなければならないのか。ちょっと変だ。

村人に聞いてみたら、これはバナナでお酒を造る道具だという。驚いて、目を丸くしていると、じゃあ造るところを見においでと誘ってくれた。

数日後、準備《じゅんび》ができたというので行ってみると、家の前にあの舟が引き出されていた。そばには山のようなバナナが積んである。お酒を造るための特別なバナナだそうだ。３日前に熟れたバナナをもいできて、地面に埋《う》めて少し発酵《はっこう》させてある。

家の人たちがバナナの皮をむいて、舟の中に放り込む。すると、お父さんがそのバナナを両手でつかみ、にぎりつぶす。みるみるうちに、バナナはくだけて、甘いかおりが辺りにただよう。こんどはバケツに水をくんできて、舟に満たし、手でかき回す。水にバナナが溶《と》けて、白い泡《あわ》がたつ。黄色いバナナジュースのできあがりだ。

子どもたちがバナナジュースを飲みにやってくる。お父さんは大きなコップで、その上ずみをすくって飲ませてくれる。子どもたちは大はしゃぎだ。わたしも少しもらって飲んでみたが、甘くて、かわいたのどに、すっと吸《す》い込まれる。

子どもたちが飲んでいるのを横目に、お父さんはモロコシというキビの仲間の穂《ほ》から実を落とし、それをフライパンで熱し始める。実がほんのりこげたところで、それをバナナジュースの表面にまく。こうすると発酵が進むのだそうだ。最後に、舟にバナナの葉っぱでふたをしてできあがり。3日待てば、おいしいバナナビールが飲めるという。

舟についている酵母菌《こうぼきん》によって、バナナの糖分《とうぶん》がアルコールに変わり、ほどほどのお酒になるというわけだ。3日間という時間が発酵にちょうどよく、それ以前ではまだお酒になりきっていないし、3日を過《す》ぎると酢《す》になったり腐敗《ふはい》したりして味が落ちる。だから、みんなバナナを仕込んだ家があると聞くと、3日後にその家に集まる。舟をあけるとき、1杯《ぱい》ぐらいごちそうになれるからである。

バナナビールは、まず、ひょうたんに注がれる。甘いかおりがするから、そこにハチやハエが集まってくる。それをヒュンとふって追い払《はら》い、モロコシで作ったストローを差し込んで飲むのがならわしだ。一人で全部飲みきらず、ひょうたんを隣《となり》にわたして回し飲みするのもエチケットである。

バナナがお酒になるとは知らなかった。しかもそれは、子どもからおとなまで楽しませてくれるのである。わたしはこの舟が水に浮かぶのではなく、中にお酒を浮かばせることを知ったのである。

# 今も生きる、たくさんの昔話

赤道直下のアフリカの国々は、ヨーロッパ人やアラブ人が入ってくるまで文字を持たなかった。でもそれは、文明がおくれていたというわけではない。文字は、言葉の異《こと》なる民族が交流し、さまざまな物を売買するために、その覚え書きとして発達したと思われるからだ。熱帯雨林の国々では一年中豊《ゆた》かな食物が得られ、遠くから物を運んでくる必要はない。わざわざ文字を作らなくても、言葉を交わすだけで日々の暮らしに不自由なことはなかったのだ。

その代わり、人々はとても達者に言葉を使う。話を始めると、とうとうと自説を述《の》べるし、たとえ話をするのがとてもうまい。昔あったことや、経験したことをたくみに織《お》り交《ま》ぜながら、相手を説得していく。そして、話の上手《じょうず》な人がみんなから尊敬《そんけい》を集めるのだ。

そのたとえ話に、昔話がある。一日の仕事が終わって、食事をしたあと、みんなが集まっておしゃべりをするときに、よく昔話が語られる。だれもが得意な話を100以上も持っていて、代わるがわる語る。それがとてもおもしろい。わたしが印象に残っている話を一つ紹介《しょうかい》しよう。

土地の言葉でコウベと呼ばれるカメとブルコッコと呼ばれるエボシドリのお話だ。ブルコッコは青と赤の美しい羽を誇《ほこ》り、いつもいばり散らしていた。地面をはいつくばって、のろのろと歩くコウベにも、「やれやれおまえさんは、そんなにのろまで、世界もろくに知らないんだろう。それに比べて、見ろ、わたしは空を飛んで世界をかけまわる」と自慢《じまん》した。ところがコウベは、「なにを言っているんだ。こう見えてもぼくはきみより速くかけることができるんだよ」と言い返したのだ。おこったブルコッコは、「ようし、じゃあ明日、朝日が昇《のぼ》るのを合図に、あの高い山の頂上《ちょうじょう》までどちらが先に着くか競走だ」と、けしかけた。了解《りょうかい》したコウベはその晩《ばん》、子どもたちを集め、「さあ、みんな今晩のうちにまわりの山に登って、朝ブルコッコが飛んできたら、ぼくはもう着いているぞと叫《さけ》びなさい」と言いふくめた。

次の日、朝日がさすとブルコッコは勢《いきお》いよく舞い上がって頂上をめざし、「ブルコッコッコッコ、どうだ、わたしの速力を思い知ったか」と叫んだ。すると、頂上から「ぼくはもう着いているぞ」とコウベの声が返ってきた。ブルコッコは驚いて、「なにつ、それはなにかのまちがいだ」と叫ん

で別の山へ向かうと、そこでもコウベが答える。ブルコッコはもう気が動転して、今でも舞い上がっては、自分が一番に着いていることを確《たし》かめようと叫んでいるのである。

このお話は、子だくさんのカメの利点と、夜には目が見えない鳥の弱点をよく利用して作られている。そして、自分の力を自慢していると、ひどい目に遭《あ》うという教訓を伝えているのである。一見弱そうに見える者が知恵を出して強いものに勝つのが、世の習いだということも教えてくれる。アフリカの子どもたちは、身近にいるコウベとブルコッコを見て、その教訓を確かなものにするのである。

## ゴリラにとっての、みんなの時間

すべてのゴリラに名前をつけ、毎日観察していると、ゴリラたちがいつもいつもいつもいっしょにいることに気づく。食べるときも、休むときも、歩いて移動《いどう》するときも同じ仲間と、まとまりのいい集団《しゅうだん》でいる。そんなにいっしょにいて、きゅうくつなことは、ないんだろうかと思う。

ときどきいなくなるゴリラがいる。若いメスやおとなになる前の青年のオスに多い。出ていくと、まずもどってこない。メスたちの場合は、ほかの集団に入って、見知らぬ仲間たちと暮らすようになるし、オスは一人暮らしを始める。出ていったオスが、元いた集団のそばにくることもあるが、けっして受け入れてもらえない。もう仲間としては認められない。ゴリラの集団は、いつもいっしょにいることで仲間意識《いしき》を保《たも》つので、少しでも離れてしまうと、仲間はずれにされてしまうのだ。

わたしたち人間の社会では、そんなことはない。家族がいつもいっしょにいることはありえないし、子どもたちも保育園や学校へ行って、親と離れて暮らす時間がある。それぞれちがう場所へ向かい、離れていっても、またいっしょになって何事もなくいっしょに過ごすことができる。このように頻繁に離れたりいっしょになったりする暮らしを、わたしたちは当たり前に思っているけれど、ゴリラから見ればとても不思議なことなのだ。

たしかに、ゴリラのようにいつもいっしょにいれば、日々起こる出来事をいっしょに体験することができる。森の奥《おく》でおいしいフルーツを見つけたり、突然《とつぜん》雨が降《ふ》ってきて、木の洞穴《ほらあな》に逃《に》げ込んだり、ゾウに出会って木の上でやり過ごしたり、さまざまなことが起こる。それをいっしょに体験していれば、次に同じようなことが起こっても、その体験に基《もと》づいていっしょに行動できる。背中の白いシルバーバックのオスが、危険《きけん》にたいしてどういうふるまいをするか。顔見知りの仲間がどんな反応《はんのう》をするか。それがわかっていれば、自分はどうふるまえばいいか、判断《はんだん》できる。ゴリラにとって、自分の時間はみんなの時間なのだ。

それに、一日のうちでも何時間かいなくなっていれば、どこでなにをしていたのかわからない。言葉を持たないゴリラには、仲間が見ていない場所で起こったことを伝えることができない。だから、不在《ふざい》は仲間に不信感を抱かせる。なにかおいしいものをかくれて食べていたのでは？　知らないだれかと会っていたのでは？　変なたくらみをしていたのでは？　そんなことを想像《そうぞう》すると不安になる。だから、いなくなった時間が長くなると、もどってきても仲間として受け入れなくなるのである。

でも人間は、いなくなっても温かく迎《むか》え入れてくれる。そればかりか、見知らぬ人でさえ、仲間に入れて親しくつきあうことができる。これは人間が仲間に大きな信頼《しんらい》感を抱くからである。不在のときを埋めるために、わたしたちは自分が外で見てきた出来事を熱心に話し、食事をともにして仲間であることを再確認《さいかくにん》する。ときには共同作業、お祭り、スポーツに参加するのも、仲間意識を高めることにつながる。わたしたちはいつからか、いつもいっしょにいなくても、信頼できる仲間をつくれるようになったのである。

## ゴリラのベッドを作る

わたしたちがもっとも信頼できる仲間とは、いっしょに寝《ね》ることのできる間柄《あいだがら》だ。いっしょの部屋で近くのベッドで眠《ねむ》る。それは、ゴリラもやっていることだ。

まだゴリラがわたしたち人間に慣《な》れていないころ、わたしは毎日ゴリラの足あとばかり追いかけていた。森を歩きまわったあげく、やわらかい地面にくっきりと残っている、ゴリラの太い指のあとと大きな足形を見つけるとほっとしたものだ。そして、ゴリラたちが今朝《けさ》ぬけ出したばかりの寝場所に行き着くと、大喜びでベッドの数を数え、ベッドに残されているふんの大きさを計測《けいそく》した。

それは、ベッドの数がゴリラの群れの大きさを、ふんの大きさがそのベッドで寝た個体《こたい》の大きさを示しているからである。ゴリラの群れはいつもまとまって、それぞれの個体が一つずつベッドを作って眠る。だから寝場所のベッドの数を数えれば、その群れの個体数がわかる。

夜間、ゴリラはかならずベッドの上か、ベッドの周辺にふんをする。ふんは三角のおにぎりのような形をしていて、その大きさは体の大きさに対応している。三角形のいちばん長い辺を測《はか》ると、子どもは3センチ、おとなのオスは7センチを超える。背中の白いシルバーバックのベッドにはかならず白い毛が残っているし、赤ちゃん持ち

のメスのベッドには2センチ以下のかわいらしいふんが見つかることがある。だから、ベッドやふんを調べれば、その群れがどんな年齢構成《ねんれいこうせい》かを知ることができる。

地上のベッドは、辺りの草や背の低い木を折り曲げて、浅いかごのような形をしている。木の上にあるベッドは木の枝を折り曲げ、葉をクッションにしている。複数《ふくすう》の枝や、隣の木の枝を使って空中に張《は》り出しているベッドもある。登ってゴリラのベッドに寝てみると、少し揺れるが安定していてとても快適《かいてき》だ。ゴリラはベッド作りの名人だと思えてきた。

やがて、ゴリラを間近で観察できるようになり、ベッド作りを実際《じっさい》に見ることができた。驚きだった。ゴリラたちはいとも簡単《かんたん》に、わずか5分足らずでベッドを作るのである。まず、ベッドにふさわしい場所を見つけて近くの枝や草を自分のほうへ折り曲げる。そして、その上にどっかり腰《こし》を下《お》ろし、お尻《しり》で何度か押《お》し固めればそれで終わりである。しかし、わたしが自分でやってみると、なかなか思うようにいかない。とくに木の上のベッドはそう簡単には作れない。枝の張り方や葉っぱの多さ、隣の木の位置などを見極め、しかも空中で作業しなければならない。ゴリラはまさに軽業師《かるわざし》だ。

体の大きなシルバーバックは木の根元にベッドを作ることが多く、そのまわりに赤ん坊持ちのメスや子どもたちが集まる。やはりみんな信頼できるお父さんの近くで安心して眠りたいのだ。木の上のベッドはすずしい風が当たって快適で、子どもが作ることが多い。やんちゃな子どもの野心が伝わってくる。

そういえば、ゴリラのすむ熱帯雨林を出てから、人間の祖先《そせん》はベッド作りをやめてしまった。草原ではベッドの材料がなかなか手に入らなかったからだと考えられている。数万年前にやっと人間は家を建て始め、その中に草を敷いたベッドを作るようになった。今、わたしたちは暖《あたた》かいベッドに入って、ゴリラと同じ幸せな夢《ゆめ》を見ることができるのだ。

## ゴリラとチンパンジー

カフジの森でゴリラの調査をしているとき、遠くからウーホ、ウーホという甲高《かんだか》い声が聞こえてきた。チンパンジーだ！　ここにはチンパンジーがいる！　そう思った瞬間《しゅんかん》、この森がこれまでとはちがった世界に思えてきた。マウンテンゴリラの調査が行われてきた標高３０００メートル級のヴィルンガ火山群《ぐん》にはチンパンジーが暮らしていない。高地では、チンパンジーの好むフルーツが実らないためである。ということは、カフジにはチンパンジーがすめるほどフルーツが豊富にあるのだ。わたしはチンパンジーを見てみたくなった。

地元の人に聞くと、チンパンジーはイチジクの実を好んで食べるという。村の近くの保護区《ほごく》にイチジクの実がたわわになっている大木があると聞き、朝、暗いうちに行ってチンパンジーを待ちぶせすることにした。何日か待ちぼうけをくわされたあと、ついに最初の１頭がイチジクの木にやってきた。大きなオスだ。辺りを見回して、素早く木に登ると、ウーホー、ウーホーとけたたましい声で鳴き始めた。次々にイチジクの木にチンパンジーが姿を現す。みんな素早くイチジクの実をもぎとっては、口に放り込む。みるみるうちに口がイチジクでいっぱいになり、ふくらんでいくのがわかる。ひととおり食べ終わると、チンパンジーたちは素早く木から降《お》り、風のようにいなくなってしまった。

待てよ、とわたしは考えた。このイチジクの木には1週間前にゴリラがやってきて実を食べたはず。ゴリラとチンパンジーが鉢合《はちあ》わせすることはないんだろうか。そもそも、ゴリラとチンパンジーは同じ食物を食べて暮らしているのだろうか。もし、そうだとしたら、食物をめぐってけんかが起こることもあるのかな。

じつは、それまでゴリラの調査もチンパンジーの調査も、どちらか1種しかいないところで行われていた。だから、ゴリラは草や葉を食べ、チンパンジーはフルーツを食べる。ゴリラは地上で暮らし、チンパンジーは樹上で暮らす。そういうふうに、おたがいの生活場所が重ならないように暮らしていると考えられていたのである。ところが、カフジの森ではゴリラとチンパンジーが同じ場所で暮らし、同じようにイチジクの実を食べている。いったいどうやって共存しているのか、興味《きょうみ》がわいてきたのである。

それから、辛抱《しんぼう》強くゴリラを追いかけた結果、わたしはついにゴリラとチンパンジーが出会うところを観察することができた。3回ともフルーツの木の近くだった。驚いたことに、ゴリラもチンパンジーも相手がフルーツを食べ終わるまでじっと待っていた。けんかは起こらなかったのである。おそらく、食べ方がちがうせいだとわたしは考えた。チンパンジーは大急ぎでイチジクを口に入れて立ち去る。ゴリラは時間をかけて仲間といっしょに食べるが、体が大きいので枝先のイチジクはとれない。チンパンジーはくり返しやってくるが、ゴリラは一度訪《おとず》れるとなかなか再訪《さいほう》しない。

二つの種の気質《きしつ》のちがいが、けんかの防止《ぼうし》に役立っていたのである。いや、同じ食物を食べながら、けんかをしないようにゴリラとチンパンジーは性格《せいかく》を変えたのかもしれない、とわたしは思った。

さて、じゃあ人間ならゴリラともチンパンジーともけんかしないためにどうするだろうか。きっと、まずだれかが行ってゴリラもチンパンジーもいないことを確かめてから、できるだけたくさんのイチジクをとって、仲間のもとへ持ち帰るだろう。そうすれば、ゴリラやチンパンジーと鉢合わせしなくてすむ。そうやって、人間の祖先は類人猿《るいじんえん》たちとちがう方法で食物を探《さが》し始め、だんだんと住む場所を広げたのかもしれない。

## 類人猿のメンタルマップ

人は毎朝、起きるたびに、さあ今日はどこでどんなおいしいものを食べようか、などと考える。それによって歩くルートが決まってくる。それは心の中で地図を描《えが》いているからだ。それをメンタルマップ(心の地図)という。すでに完成したものを食べられる人間は、食事の時間が短くてすむ。だから、メンタルマップには食事だけでなく、仕事や学校、遊ぶ場所がふくまれている。でも、自然の食物に頼《たよ》っている動物は、一日の大半を食べることに費《つい》やしているから、メンタルマップには食物のありかがちりばめられている。

カフジの森ではゴリラとチンパンジーが共存しているが、どちらもフルーツが大好きだ。でも、フルーツが実る場所で両種はあまり出くわさない。いったいかれらはどんなメンタルマップを持っているんだろう。わたしは調査チームを二つつくり、ゴリラとチンパンジーの両方を追跡《ついせき》して、それを調べてみることにした。

チンパンジーの集団は22頭、ゴリラの集団は23頭で、どちらも同じぐらいの数だ。でも集団のまとまりがちがう。ゴリラはみんながいつもいっしょにいるが、チンパンジーは単独か、せいぜい数頭で動き、夜寝るときでも全員がそろうことはない。お母さんと小さな子どもはいっしょだが、そのほかのメンバーは絶《た》えず散らばったり、集まったりしている。

さらにちがうのは、動く距離《きょり》と範囲《はんい》だ。チンパンジーは一日に3〜6キロメートルも歩いて食物を探す。でも、ゴリラは平均1キロメートルで、長くても3キロメートル止まりだ。これはチンパンジーが個体や小集団で歩くのに比べ、ゴリラが全員いっしょに動くからだろう。年齢や体格のちがう仲間といっしょなら、いちばん弱いものに速度を合わせなければならないので、ゴリラはゆっくり歩くのだ。

一年間に歩いた範囲を比べてみると、ゴリラのほうが数倍広い。この行動域《いき》を地図上に描いてみると、その理由が明らかになった。カフジの森は原生のままの一次林、過去《かこ》に開墾《かいこん》されたことがある二次林、そして湿原《しつげん》や竹林からできている。一次林はフルーツが実る大きな樹木が多く、二次林は小さな木が多くて草が密生している。フルーツが大好きなチンパンジーは一次林ばかりを利用するが、ゴリラはすべての植生を利用して歩くので範囲が広くなるのだ。

フルーツは種子をまいてもらうために動物に食べられるように作られている。だから、チンパンジーがくり返し食べても植物は困《こま》らない。でも草や葉は光合成をして栄養を作るので、食べられたら困る。植物が葉を全部失ったら枯《か》れてしまうから、葉はかたい繊維《せんい》で包まれ、食べられないように毒をふくんでいることもある。ゴリラはそれぞれの木から少しずつ葉をつまんで食べ、そういった毒にあたらないようにしている。結果として、ゴリラが少しずつ食べながら、広く歩きまわるので、草や葉が再生できるようになっているのだ。

同じようにフルーツを食べていても、葉や草などフルーツ以外の食物によってメンタルマップを変えることで、ゴリラとチンパンジーはぶつかることなく共存していけるのだ。それが集まり方にまで影響《えいきょう》している。自然はいろんな動物たちが共存できるようにつくられているし、動物たちも自然の食物をうまく食べ分けるようにして暮らしている。さて、わたしたち人間はいったい、どんなメンタルマップを持っているんだろうか。

おそらく、人間はそれぞれちがうメンタルマップを持っていて、その情報を言葉で交換し合っている。だから、知らなくても仲間に教えてもらえるし、自分で探さなくても仲間に頼ることができる。でも、それにはとった食物を自分で食べずに仲間のもとへ持って帰ることが不可《ふか》欠《けつ》だし、持ってきてくれることを信じて待つことも必要になる。きっと人間は食物を探す活動を仲間と分担《ぶんたん》することで、仲間への信頼関係を強めたのだろう。

第６章

# ゴリラの国をおびやかすもの

# 密猟《みつりょう》やワナに苦しめられるゴリラ

いつものようにゴリラの足あとを追っていると、こげくさいにおいがただよってきた。なんだろうと辺りを見回すと、木立にかくれて小さな草ぶきの小屋が見えた。みんなで顔を見合わせて近寄《ちかよ》ってみると、だれもいない。でもたき火のあとがあって、つい昨日《きのう》まで人が使っていたようだ。いっしょに歩いていた現地の人に聞いてみると、ここは密猟者の小屋だという。密猟者とは、猟が禁《きん》じられている保護区《ほごく》で、法を無視《むし》して動物たちを狩猟《しゅりょう》する人たちのことだ。ここは国立公園なので、むろん狩猟は禁じられている。

たき火の周辺には小さな骨《ほね》が散らばっている。捕《と》ってきたヤマアラシやサルをここで解体《かいたい》して燻製《くんせい》にしたらしい。煙《けむり》であぶって乾《かわ》かせば、肉は腐《くさ》らずに保存《ほぞん》できる。だから、狩猟の獲物《えもの》を遠くまで持ち運びできるように、森の中で燻製にしたのだ。いくつかの獲物は自分たちが食べたので、骨が残っていたのだろう。

「どうしてこんなところで猟をするの？　捕《つか》まったら罰《ばっ》せられるだろうに」とわたしは聞いてみた。すると「そうさ、見つかったら刑務所《けいむしょ》に入れられるし、銃《じゅう》で撃《う》たれることもある。命がけだよ」という答えが返ってきた。

森をパトロールしている国立公園のレンジャー（保護官）は銃を持っていて、危険《きけん》なときは撃つことができる。でも、そんな危険を冒《おか》してでも、密猟者は入ってくる。

「ゴリラは被害《ひがい》に遭《あ》わないの？」

わたしは心配になって聞いてみた。

「ゴリラを捕《つか》まえることは厳《きび》しく禁じられている。でも、赤ん坊《ぼう》のゴリラを動物園に売ろうとして捕まえに来る人は、今でもいるな」

どうやら昔、ゴリラが盛《さか》んにアフリカで生《い》け捕《ど》りにされて欧米《おうべい》の動物園に送られていたため、今でも赤ん坊ゴリラが高く売れると思っている人がいるらしい。１９７０年代にゴリラやオカピなど絶滅《ぜつめつ》の危機にひんする動物は、ワシントン条約によって輸《ゆ》出《しゅつ》が禁じられている。でも、文字が読めない人々は、そんな規則《きそく》を知らないまま密猟に走っているのだ。
「それに、ほかの動物を捕まえるワナに、ゴリラがかかってけがをすることが増《ふ》えて

るんだ」

森のあちこちには、ヤマアラシやカモシカの仲間を捕らえるハネワナが仕かけられている。低木を曲げて、その先に針金《はりがね》で輪を仕かけ、動物が踏《ふ》みぬくと、跳《は》ね上がって手足を締《し》めつける。それにゴリラも、うっかりかかってしまうのだ。

そういえば、ときどき見かけるゴリラの集団に、手首から先のない子どもゴリラがいたことをわたしは思い出した。あれは、ハネワナにかかって締めつけられ、自分ではずすことができずに手が腐って落ちてしまったということだ。そのときの痛《いた》さと、続く苦難《くなん》の日々が頭をよぎって、わたしは真っ暗な気持ちになった。

さらに、最近は人々がこぞって森に入り、家を造《つく》るために木を伐採《ばっさい》したり、たきぎを集めたりしていく。森を焼いて畑を広げる人も出てきて、だんだんゴリラのすむ場所がなくなっていく。50年も前にヒョウは死に絶《た》えてしまって、カフジの森にゴリラの天敵《てんてき》はいなくなった。でも今は人間が、ヒョウにも増《ま》してゴリラたちの生存をおびやかしているのだ。

## ゴリラの魅力《みりょく》を伝えるポレポレ基金《ききん》

密猟というのは、法を守らずに野生動物を狩《か》ることだ。国立公園の中ではすべての野生動物

を捕まえることが禁止されているが、ゴリラやゾウの狩猟は、国立公園以外でも禁止されている。特別な動物で、国の宝とされているのだ。そのゴリラが密猟の被害に遭っていると聞いて、わたしたちは緊急《きんきゅう》に対策《たいさく》を講《こう》じなければいけないと思った。

カフジ山《さん》の国立公園では、人に慣《な》れたゴリラを対象にして、ゴリラツアーをやっている。ツアーガイドには地元の若者が選ばれ、森を歩いてゴリラを紹介《しょうかい》するとともに、地元の伝統《でんとう》や文化を紹介している。そのなかにジョンという青年がいた。ゴリラが大好きで、ゴリラの顔を覚えるのがとてもうまかった。

そこでわたしはジョンといっしょに、人慣れしたゴリラたちに名前をつけて記録することにした。出産や死亡、けがをしたり、集団《しゅうだん》を移《うつ》ったりするゴリラたちの生活や成長を個体《こたい》の名前で記録し始めたのだ。こうすれば、ゴリラの歴史をつづり、それを人々に伝えることができる。

そのジョンが、あるときわたしに計画をもちかけた。「ポレポレ基金（ポポフ）」という団体をつくろうというのだ。地元の人たちは、ゴリラをよく知らないで密猟をしている。学校に行ったことのない人々がたくさんいて、法律《ほうりつ》を知らないままに罪《つみ》を犯《おか》している。だから、学校をつくって子どもたちにゴリラの生活や国立公園の規則を教えよう。そうすれば、やがて親たちもゴリラや法律を知るようになって、密猟がなくなるはずだ、というのである。

「ポレポレ」とは地元のスワヒリ語で、「ゆっくり」とか「ぼちぼち」といった意味である。成果をすぐに求めず、ゆっくりと自分たちのペースでやっていけば、やがて人々はふり向いてくれる。お金はないけれど、これまでゴリラを見に来てくれた観光客やテレビ局の人々に支援《しえん》してもらえば、なんとかなるんじゃないか。そのとき、わたしは屋久島《やくしま》でつくった「あこんき塾《じゅく》」のことを思い出した。あれも地元の人たちが、自分たちが生きてきた自然を見直そうという呼《よ》びかけで始まった活動だった。

わたしはジョンに協力することにして、ゴリラを取材したことのある日本のテレビ局に働きかけ、これまでに撮《と》ったゴリラの写真や映像《えいぞう》を提供《ていきょう》してもらった。子どもたちにゴリラを知ってもらう教材をつくろうと思ったのである。

ポレポレ基金の最初の活動は、地元の高校生にゴリラを見せることだった。じつはカフジ山一帯は、１９８０年に世界遺産《いさん》として登録されている。ゴリラはその自然遺産の重要なメンバーである。

でも地元の人たちはその価値《かち》をよく知らないし、ゴリラをじっくり見た人も少ない。子どもたちに見せたいが、国立公園の規則で15歳《さい》未満の子どもはゴリラを見に連れていけない。そこで、高校生を連れて行くことにしたのだ。

ゴリラを初めて見た高校生のはしゃぎようときたら。かれらはそぉっと息をつめてゴリラたちを見つめ、まるで人間のように遊ぶ姿《すがた》に感動の声を上げた。

名前のついたゴリラを紹介するジョンの説明に、高校生たちは熱心に耳をかたむけ、ゴリラの大切さを十分に理解《りかい》してくれた。

かれらはきっと将来《しょうらい》にわたってゴリラを大事に保護してくれるにちがいない。そして、かれらがゴリラの観察体験をあちこちで話してくれたおかげで、ゴリラの魅力はあっという間に村々に広がったのだった。

## 隣《となり》の国で戦争が始まる

コンゴ民主共和国のカフジ山のふもとで、地元の人々とゴリラをはじめとした自然との共生へ向けて「ポレポレ基金（ポポフ）」の活動が始まった。公園内に観察路を設《もう》けて、鳥や虫たちを探索《たんさく》するメニューを作った。

もともとこの森は狩猟採集をしていたトゥワ人たちの土地だったから、かれらは森の動物たちをよく知っている。地元の農耕民《のうこうみん》たちもときおり、たきぎをとりに入っているので、いっし

よに歩くと昔の話をよく聞くことができる。そこで、山や森の話をしながら観光客と歩くコースを考えた。村にも見学場所をつくって、伝統的な暮《く》らしを見せて体験してもらうことにした。

ポレポレ基金の仲間に絵を描《か》いたり、彫刻《ちょうこく》をしたりするのが好きな若者がいたので、かれを中心にチームを編成《へんせい》して、絵はがきやゴリラの置物を作った。ゴリラの歴史を説明するパンフレットも作った。これで、観光客はゴリラを見るだけでなく、カフジの自然や村の文化にも関心を持ってくれる。かれらを案内することで、村の人たちも自然を守る気持ちや、伝統に誇《ほこ》りを持つようになるだろうと考えたのだ。

しかし、やっと観光客を案内できる準備《じゅんび》が整った矢先に、隣の国のルワンダで戦争が起こった。国を代表する二つの民族が争いを始め、国外に移住《いじゅう》していた少数派の民族が攻《せ》め入り、多数派の政府を倒《たお》したのである。その過程《かてい》で多くの人々が殺され、大量の難民《なんみん》が国境《こっきょう》を越《こ》えてカフジ山のふもとにやってきた。国立公園のすぐそばに、20万人を超《こ》える難民キャンプがつくられ、その支援に当たる団体が続々と詰《つ》めかけた。

わたしは、国境の町で列をつくって歩いてくる難民たちの群《む》れを見かけた。みなはだしで、ござや毛布を頭にのせ、だれも声を出さないし、だれも話しかけようとしない。目はうつろで肩《かた》を落とし、疲《つか》れきった様子だ。精気《せいき》がまったく感じられない、まるで抜《ぬ》け殻《がら》のような姿だった。

地元は大混乱《だいこんらん》におちいった。もう、ゴリラ観光などとのんびりしたことは言っていられない。ポレポレ基金のメンバーも、難民たちの救助に当たることになった。食料や服など国連から支援される物資の支給を手伝い、暖《だん》をとり、煮《に》炊《た》きをするためにまきや炭を配った。夕方になると、あちこちでたき火がたかれ、難民キャンプは紫《むらさき》の煙でおおわれた。人々は火をたくことによって、やっと落ち着きをとりもどしたようだった。

問題は、難民といっしょに大量の武器が持ち込まれ、保護区で密猟が増え始めたことだった。まず、ゾウが犠牲《ぎせい》になった。それまで銃の規制《きせい》が行われていたので、巨体《きょたい》を誇るゾウが、密猟の被害に遭うことはなかった。しかし、戦争に使われた強力な銃を向けられたら、ひとたまりもない。保護区のあちこちで銃声が聞こえるようになり、何頭ものゾウが撃たれて象牙《ぞうげ》が持ち去られた。

内戦の混乱を避《さ》けて、観光客の足はとだえた。ポレポレ基金のメンバーは観光事業を中止して、村人に密猟に参加しないように呼びかけた。やがて隣の国の内戦が飛び火して地元でも戦争がぼっ発し、難民たちは散り散りになった。保護区は兵隊たちに踏み荒《あ》らされ、飢《う》えた人々によって多くの野生動物たちが犠牲になった。人々もゴリラも大きな試練のときを迎《むか》えたのである。

## 兵隊におそわれるゴリラ

コンゴ民主共和国の隣の国、ルワンダの戦争で、大量の難民たちが流れ込《こ》んできて、カフジ・ビエガ国立公園のまわりは、すっかり変わった。１９９０年代のことである。それまでめったに車が通らなかった道を、国連や難民支援の団体の車が走りまわるようになった。難民キャンプに食料や衣服がたくさん運び込まれるようになると、それを売りさばく業者が増え、あちこちで市場が立つようになった。難民キャンプの中に、雑貨屋《ざっかや》、古着屋、床屋《とこや》、レストランまでお目見えするようになったのだ。

しかし、そんな平和も長続きしなかった。こんどは国内で内戦がぼっ発し、それが難民たちに敵対する勢力《せいりょく》だったために、難民たちがいっせいに難民キャンプから逃《に》げだしたのである。銃を持った兵隊たちが進軍してきて、近くの町は反政府《はんせいふ》勢力が支配《しはい》することになった。地元の人たちも銃撃戦《じゅうげきせん》に巻《ま》き込まれて命を失った。道路は封鎖《ふうさ》され、町でも村でもあちこちで銃声が聞かれるようになった。

もはや人里は安全ではない。そう思った人々は、次々に森へ逃げ込んで身をかくすようになった。地元の人々、難民、政府軍や反政府軍が入り乱れて森を荒らし、国立公園は大混乱におちいった。

それまで公園内の密猟者を監視《かんし》していたレンジャー（保護官）たちは、反政府軍に銃を取り上げられ、監視活動ができなくなった。森にかくれている人々は、食料に困《こま》って野生動物を銃で撃ち、大型動物がどんどん姿を消し始めた。あちこちでゾウの群れが消え去り、ゴリラも銃を持った兵隊におそわれるようになった。悲しいことに、半年間でゴリラの数は半減《はんげん》してしまったのである。

重大な危機を感じたレンジャーたちとポレポレ基金のメンバーは、思いきった方法をとることにした。ゴリラがおそわれたのは、森をよく知っている地元の人たちが、銃を持った兵隊たちを先導《せんどう》したからである。兵隊だけではゴリラを追跡《ついせき》できない。地元の人々の意識《いしき》を変えれば、ゴリラの虐殺《ぎゃくさつ》は止まるはず。そう考えて、地元の人々にこれまでの密猟活動は罰《ばっ》しないと伝え、その代わりにゴリラの保護に協力してくれたら公園やポレポレ基金で雇《やと》うことを約束したのである。60人を超える、自称《じしょう》密猟者たちが呼びかけに応《こた》え、話し合いをすることになった。

ゴリラは、世界遺産になっているこの公園の主役だ。ゴリラを求めて観光客もやってきて、お金を使う。地元の産物も買ってくれる。ゴリラを次世代の子どもたちに引き継《つ》がなければ、わたしたちは豊《ゆた》かになれないし、世界の人々から非難《ひなん》される。ここは、堪《た》え忍《しの》んでゴリラを守り、みんなで力を合わせて困難《こんなん》を乗り越《こ》えよう。みんなが合意したのは、子どもたちに恥《は》ずかしくないことをしようということだった。

それから毎日、地元の人々は複数《ふくすう》のゴリラの群れについて歩き、夜は見張《みは》り番をつけて兵隊たちが近づかないようにした。公園の整備《せいび》に人々を雇い、アートセンターでゴリラの置物やグッズ製作《せいさく》の方法を教えた。環境《かんきょう》教育学級の教師《きょうし》になった元密猟者もいる。なんと大学を出た学識の高い人さえも、生活に困って不法な活動に手を出していたのである。女性たちには洋裁《ようさい》の技術《ぎじゅつ》を教え、服を縫《ぬ》って市場に出すことを始めた。

おかげで、21世紀になるころには、ゴリラが密猟で命を落とすことはなくなった。内戦下で野生動物が全滅しなかったのは、ひとえに地元の人々の意識変革《へんかく》のたまものだったと思う。

## 生き残ったゴリラたち

地元の人たちの熱心な支援によって、野生動物を密猟する人はほとんどいなくなった。おかげで、ゴリラたちも復活《ふっかつ》のきざしを見せ始めた。

戦争が始まる前、カフジ山の国立公園では、観光客が訪問《ほうもん》できるゴリラの集団は四つあった。

それがすべて兵隊たちに銃で撃たれて壊滅《かいめつ》状態になった。

四つの集団の中で、成熟《せいじゅく》した背中《せなか》の毛が白いシルバーバックのオスはすべて死亡《しぼう》し、メスたちは子どもたちとともに散り散りになり、行方《ゆくえ》知れずとなったのだ。

せっかく人間に慣れて、姿を見せてくれたゴリラたちが、この悲劇《ひげき》にあって人間不信になるのではないか。これではゴリラ観光がとだえてしまう、と心配したポレポレ基金のメンバーは、チームを組んで、生き残ったゴリラたちを探《さが》すことにした。

ゴリラの追跡は、徹底《てってい》していた。朝早く起きて森を歩き、ゴリラがまだベッドで寝《ね》ているうちに接近《せっきん》する。そして、ゴリラを驚《おどろ》かさないようにしながらそっとついて歩き、だんだんと距《きょ》離《り》をつめていく。夜は見張りを立てて、ゴリラの姿を見失わないようにする。これを交代で毎日継続《けいぞく》していると、1年もしないうちにゴリラが人間に慣れてきた。

そのうち、吉報《きっぽう》が入った。集団が壊滅したとき、まだ背中の黒い若いオスだったムガルカが、シルバーバックに成長して、数頭のメスと暮らしていることが判明《はんめい》したのである。ムガルカはすでに人間に慣れているから、この集団は接近しやすかった。

やがて、いっしょにいるメスたちも昔の集団の生き残りであることがわかり、その数は10頭を超えた。ムガルカとメスたちはしだいに、以前、暮らしていた地域《ちいき》にもどってきた。これでゴリラ観光を再開できる。わたしたちは、ほっと胸《むね》をなでおろした。

さらに、うれしい知らせがあった。人に慣れた集団の一つで成長し、その後、武者修行《むしゃしゅぎょう》に出ていったオスゴリラが、メスといっしょにもどってきたのである。

チマヌーカと名づけられたこのオスは、ムガルカより1歳年上で、ムガルカとはちがう集団で育った。ムガルカよりひと回り大きく、威風堂々《いふうどうどう》としていた。そのうち、チマヌーカ集団とムガルカ集団が出会い、2頭のシルバーバックが、たがいに胸をたたきあうシーンが見られるようになった。

やがて、予想したとおり、ムガルカ集団の数頭のメスたちが、チマヌーカのもとへ移り始めた。年配のチマヌーカのほうがメスにとって、頼《たよ》りがいのあるオスだったのだろう。そして、チマヌーカ集団で次々に赤ん坊が生まれ始めた。ベビーブームが到来《とうらい》したのである。

驚いたことに、ここでは双子《ふたご》が4組も生まれた。最初に生まれた双子は両方ともオスで、ジュマとポショと名づけられた。二つともスワヒリ語で「週」を表す言葉である。2頭はすくすくと育ち、お母さんのおっぱいを競って飲んだ。お母さんのマトウィンはよく太っていて、おっぱいもたくさん出るようだった。この双子はポレポレ基金のメンバーのアイドルになり、やがて村で評判《ひょうばん》になった。

かつて、カフジではマエシエと名づけられたシルバーバックが国民の人気者となり、この国のお札に印刷されて出回ったことがある。じつはチマヌーカはマエシエの息子で、ジュマとポショは孫にあたる。そう言えるのも、人々が長いあいだゴリラに名前をつけて見守ってきたからである。そんなゴリラの歴史を知ることができて、わたしはとても幸せな気持ちになった。

# 子どもたちの自然保護

わたしたちがつくった地元の団体「ポレポレ基金（ポポフ）」は、ゴリラや地元の貴重《きちょう》な自然を守り、それをうまく利用しながら人々とゴリラが共存《きょうぞん》していくために、さまざまな活動を行っている。その一つが環境学級だ。

環境学級は、小学校に入学する前の幼児《ようじ》と、小学生、中学生に分かれている。小学校に入学するのは6歳で、7年ある。中学校は6年あって、日本の中学校と高校を合わせたようなものだ。

今までに教員経験《けいけん》のある人や研究者のほか、さまざまな経験のある人が、ここで子どもたちを教えている。以前、保護区で密猟をしていた人もいる。戦争で学校がなくなり、教員たちに給料が払《はら》われなくなったので、みんなボランティアである。お金に余裕《よゆう》のある生徒の親から授業料《じゅぎょうりょう》をもらい、ポポフが集めた支援金で給料や教材をまかなっている。

教科書も筆記用具もなく、先生が話をしたり、黒板に書いたり、本を読んだりして授業をする。日本からの援助でパソコンと映写機《えいしゃき》、それに発電機を手に入れたので、映像を見て授業をすることもある。とくにゴリラについては、各国のテレビ会社が撮影《さつえい》したフィルムを提供してくれたので、いろんな映像を見ることができる。村のおとなよりも、子どもたちはゴリラのことをよく知っているのだ。

子どもたちの授業で重要なのは、実践《じっせん》活動である。環境学級が管理している畑に苗木を植え、それを育て、村人たちに配る。そして、定期的に村を回って木が育つのを見守る。立派《りっぱ》な木に育てば、それを使って家を建てたり、垣根《かきね》にしたり、いすやテーブルを作ったりすることができる。不法に保護区に侵入《しんにゅう》して樹木《じゅもく》を伐採する必要がなくなり、自然保護に役立つことになるのである。

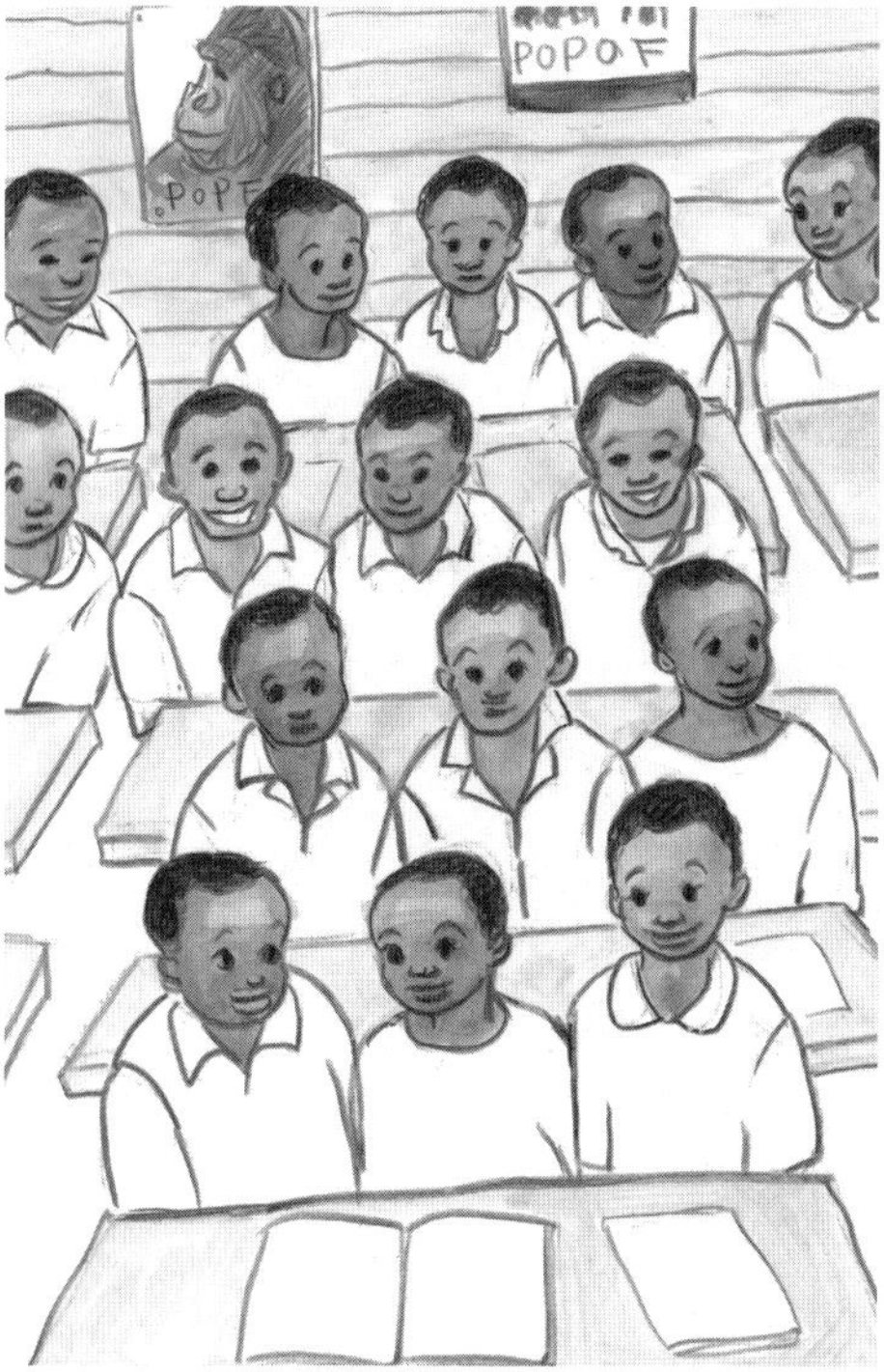


もう一つは、養殖池《ようしょくいけ》の管理である。成長の早いテラピアという淡水魚《たんすいぎょ》がいる。タイのような平べったい姿をしていて、肉厚《にくあつ》で、とてもおいしい。熱帯産だから水温が10度以上の川にしかすめないが、

ここは、ちょうどいい環境なのだ。

そこで、環境学級の近くに養殖池を掘《ほ》り、テラピアを放して育てている。テラピアは雑《ざっ》食性《しょくせい》でなんでも食べるから、特別なえさをやる必要はない。ときどき水を入れ替《か》え、水流を作って酸素《さんそ》を入れ、あまり水がにごらないようにしている。

雨季になって水があふれれば、魚が逃げてしまうから、水量を調節する必要もある。子どもたちの楽しみは毎年2回、大きくなった魚を捕まえることだ。それを村人たちに配り、自分たちもごちそうにあずかる。生の魚はめったに食べられないから、とても楽しみにしている。

地元では子どもたちが短い劇を演じることが、伝統的に行われている。そこで環境学級では、保護区で禁止されている行為《こうい》を劇に仕立て、村人たちを集めてそれを演じている。

密猟をして、保護されている動物を捕まえ、監視員に捕まる場面を子どもたちが演じる。密猟者になる子もいれば、監視員になる子、その行為を注意する村人になる子。それぞれの立場で自然保護とはなにかを考える。

劇を見た村人たちからは、お金が寄付《きふ》されたり、感想が寄せられたりする。それらが、ゴリラたちと共存できる未来につながるのだ。

環境学級で育った子どもたちは、やがて村や国をつくる主役になる。子どもたちの多くは自然保護や林業、農業の専門家《せんもんか》になることを夢見《ゆめ》ている。大学に進学して、その夢をかなえた子どもたちもいる。かれらは環境学級で学んだことを、とても誇りにしているのである。

第7章

# 低地と海辺のゴリラに会いに

# 低地のジャングルへ

ヴィルンガ火山群《ぐん》の山の上では高い木がないし、地面は草でおおわれている。だからゴリラたちはおもに地上の草を食べ、地上にベッドを作って眠《ねむ》る。だが、大木が葉をしげらせ、多様なフルーツが実るコンゴ盆地《ぼんち》の低地では、ゴリラの暮《く》らし方も、ちがっているかもしれない、と思うようになった。

カフジ山《さん》の西側に広がる低地では、あちこちでゴリラが目撃《もくげき》されている。でも、ゴリラの暮らしはまだよくわかっていない。わたしは未知のゴリラを求めて、低地へと遠征《えんせい》することを決めた。

めざす地域《ちいき》は、標高６００メートルの熱帯雨林である。２０００メートルも下《お》りていかねばならない。しかも、岩だらけの山道を越《こ》え、雨が多くてぬかるんだ道を進むことになる。そこで、中古の四輪駆動車《よんりんくどうしゃ》を購入《こうにゅう》し、テントや自炊《じすい》用具を積み込《こ》んで出発した。なるべく荷物は少ないほうがいいので、食料は現地で調達することにした。

案の定、車はどろ道に何度もはまり込んだ。そのたびに地元の人々の助けを借りて、車を押《お》さねばならなかった。

橋がこわれていて、ひやひやしながら激流《げきりゅう》を渡《わた》った。目的地に近い村に着くまでに3日もかかった。ここで、村長さんに旅の目的を話し、2週間分の食料を買い込み、それを運んでくれるポーターと道案内のガイドを計30人ほど雇《やと》った。

低地の森は、20年ほど前に国立公園に指定されているから、今では人は立ち入らない。それ以前は地元の人々が狩《か》りをしたり、鉄、銅《どう》、金などの鉱物《こうぶつ》を採掘《さいくつ》していたので、人々が一時的に住んだあとがあちこちに残っている。そこを渡り歩きながら、ゴリラの痕跡《こんせき》を追跡しようと考えた。

でも、思ったより調査《ちょうさ》は難《なん》航《こう》した。まず、ポーターたちの荷物を平等な重さにしなければならない。仲間の荷物より少しでも重いと不平が出るのだ。体力にも個人差《こじんさ》があるので、速く歩くと脱落者《だつらくしゃ》が出てくる。驚《おどろ》いたことに女性のほうが、重い荷

物を担ぎ慣れていることがわかった。男たちは、すぐ音《ね》を上げてしまうのだ。

苦労したのは、川を渡ることだった。国立公園の境界《きょうかい》に幅《はば》100メートルぐらいの川が流れている。流れは急で、丸木舟《まるきぶね》※では、せいぜい5人ぐらいしか渡すことはできない。岸に近いところは流れがゆるやかなので、まず岸に沿《そ》って流れをこぎ上《のぼ》り、一気に流れに沿って対岸まで渡る。全員が荷物とともに渡るまで数時間かかった。

それからすぐに高度差1000メートル近い急な斜面《しゃめん》を登って、山を越えねばならない。ここで弱音をはく人々が続出した。それをなだめ、励《はげ》ましながら、いくつも山を越え、やっと予定していたキャンプ地に着くころには日がとっぷりと暮れていた。

そうして着いたところが、なんと美しい場所だったことか。静かな小川のほとりで、大きなサイチョウという鳥が、つがいで羽を広げ、すべるように空を飛び、両手を合わせたほどもある巨大なチョウが舞《ま》い降《お》りてきた。ときおり、魚の跳《は》ねる音が聞こえてくる。まさに熱帯雨林の懐《ふところ》に深く入り込んだ気持ちで、わたしたちは深い眠りについたのだった。

※一本の大木をくりぬいて造《つく》った船。

# 畑を荒《あ》らすゴリラ

低地のジャングルで調査を始めてみて驚いたのは、ゴリラが畑を荒らすことだった。それまで調査をしていた高地では、ゴリラが作物を食べに来るとは聞いたことがなかった。

高地では国立公園の境界まで畑が作られていて、人々はゾウやイノシシやヒヒが作物を食べに来るといって警戒《けいかい》していた。ゾウは夜か明け方に森からやってくるのだが、いったん畑に入ったらもう人間の力では追い払《はら》えない。出てくる前に、空き缶《かん》やバケツを打ち鳴らして追い払うことになる。だから、つねにだれかが畑で見張《みは》りをしていなければならない。

でも、ゴリラは畑に出てきても、作物を食べずに通りすぎるだけだ。村人たちはゴリラを気にかける様子はなかった。

なぜ、低地ではゴリラが畑を荒らすのだろう。村人に聞いたり、畑荒らしの現場に行ってみたりして、ずいぶん複雑《ふくざつ》な事情《じじょう》がからんでいることがわかった。

まず、ゴリラの食べ物は、低地のほうが少ないのだ。低地の森には甘いフルーツがなる。でも、フルーツはいつでもどこでも得られるわけではなく、実る場所が限定《げんてい》されている。

一方、大きな樹木《じゅもく》が葉をしげらせる森の中は、日光がさえぎられて、地上に草があまり生《は》えない。

高地のマウンテンゴリラは、フルーツにめぐり合えない代わりに、アザミやセロリなど、おいしい野草を一年中、腹《はら》いっぱい食べることができた。

低地のゴリラは、野草をたらふく食べられず、あちこちに点在《てんざい》するフルーツを探《さが》して広く歩きまわらなければならない。

だから、バナナやトウモロコシなどがかたまって生えている畑は、ゴリラにとって、とても魅力《みりょく》的なえさ場に見えるのだ。

畑にやってくるゴリラは、群《む》れだと思われていたが、調べてみるとどうやら単独《たんどく》で生活しているオスゴリラらしい。畑の近くにゴリラが作って寝《ね》た複数のベッドがあるが、それぞれ古さがちがっていて、新しいベッドは一つしかないからだ。

群れで暮らすゴリラは1か所にとどまらず、いろんな場所を食べ歩く。仲間といっしょだと、すぐに食べつくしてしまうからである。

でも、単独で暮らすオスの「ヒトリゴリラ」は気ままで、毎晩《まいばん》同じ場所で寝て、食べつくすまでその場所にとどまることがある。たくさん作物が実る畑では、なおさら移動《いどう》する必要がなくなる。

さらに、群れに子どもがいると、リーダーのシルバーバックやメスたちが警戒する。ゴリラにとって人間は、こわい存在《そんざい》だから、群れで暮らすゴリラは、子どもを守るために畑には近づかない。

でも、ヒトリゴリラは身軽だ。自分を守るだけでいいから、おいしいものがたくさんある場所に、危険《きけん》を冒《おか》してでもやってくる。大きな体なので、人間には負けない自信があるのだ。

畑を荒らすのがヒトリゴリラとわかって、村人たちは安心した。たくさんゴリラがいれば手ごわいが、相手が1頭なら、みんなで追い払えばこわくない。

それに、ゴリラが寝る場所をくり返しこわせば、ゴリラは落ち着くことができずに、やがて離《はな》れていく。ヒトリゴリラだって、いつまでも独《ひと》りでいたいわけじゃない。森の奥《おく》からゴリラの声が聞こえてくれば、仲間を求めて去っていくし、森においしいフルーツがなれば、それを探しに行くだろう。

畑のそばで毎晩、独り寝を決め込んでいたオスゴリラが、わたしにはちょっぴりいとおしく思えてきた。

# 「森の学校」で学ぶこと

コンゴ民主共和国の低地の森へ分け入って、小川のほとりに荷物を下ろしたわたしたちは、キャンプ生活を始めた。

まず、小高い平らな場所にテントを張《は》ることにして、うっそうとしげっている草を刈《か》った。草がしげっていると、ネズミや小動物がすみつき、ヘビがやってくる。ここのヘビは毒ヘビが多いので、なるべく侵入《しんにゅう》しにくい状態《じょうたい》にしなくてはならないのである。

次に、石を取り除《のぞ》いて地面をならし、アリやシロアリなどがいないかを調べた。こうした昆《こん》虫《ちゅう》は、テントをこわして侵入するし、トカゲや鳥を引き寄《よ》せる。

地元の人たちは木を切って柱を立て、ヤシの葉をとってきて屋根をふいた。木を組み合わせて固定するロープは、森からとってくる。3メートルほどの立ち木を切り、その樹皮を縦《たて》にさく。それを両手でほぐすと、丈夫《じょうぶ》なロープになるのだ。

できた小屋の真ん中に、両腕《りょううで》で抱《かか》えるほどの大きさの石を置いて、かまどを作る。ここで火をおこせば、屋根は乾《かわ》くし、暖《だん》をとれる。みるみるうちに快適《かいてき》な集会場ができあがった。

すみかができたところで、こんどは食べ物探しである。みんな散らばって川のほとりを歩く。

浅瀬《あさせ》にそっと入って、なたのような刃物《はもの》のパンガ（山刀《やまがたな》）をふりかざし、ばしゃっと水面に打ち下ろすと10センチぐらいの小魚が捕《と》れる。ミミズを掘《ほ》り出して、それをえさにして、もっと大きな魚を釣《つ》る人もいる。

ここでは、ひげを生《は》やしたコイの仲間や1メートル近くあるナマズが釣れた。顔の大きさほどもあるキノコを抱えてきた人もいる。やわらかそうなつる草を摘《つ》んできて、鍋《なべ》に入れる。魚といっしょに煮《に》れば、とてもおいしい。レモングラスも生えていて、食後にお湯に入れて飲むと、すてきなかおりがする。

森に入って、太い木を切ってきた人もいる。これをたき火に入れて燃《も》やしておけば、まきが赤くなって長い時間残り、次に火をおこすときに役に立つ。

ジャングルの中には電気もガスもないから、火をおこすのは大変だ。みんな、マッチがなくても、枯《か》れ木をこすり合わせて火をおこす方法を知っているが、雨が降《ふ》るとなかなか火をおこせない。だから、一度たき火をしたら、少しずつまきを足して、その火を絶《た》やさないことが必要なのである。

太い木を火の中に入れて燃やせば、ちょっとずつしか燃えないし、寝ている間も火が消えることはない。朝起きたら、息をふきかけて火をおこせばいい。

みんなが手分けをして作業をしたので、あっという間にテント村ができあがった。テント、ランプ、食器、主食となる食料以外は、すべて現地調達である。

さっき捕ってきた魚やキノコを鍋で煮たてて、キャッサバイモの粉《こな》を湯でといて、もちのようにして食べた。たき火を囲んで暖《あたた》かくなると、話がはずむ。

なんでみんな、こんなに手際《てぎわ》よく仕事ができるのか、聞いてみた。みんな子どものころから親や年上の子どもたちの行動を見てきたし、中学生ぐらいの年になると「森の学校」に入るという。

男の子たちが集められ、村の老人たちに連れられて森の奥深くに入り、数か月、自分たちだけで生活をする。そのとき、食べられる草や薬草の見分け方、役に立つこと、危険なことなど、野生の暮らし方を学ぶのだそうだ。それを知らないとおとなになれない。だから、どんな森に入ってもこわくないし、くじけない。

そうか、みんな森の学校の卒業生なんだと思うと、かれらの顔がたくましく見え始めた。

## ジャングルで迷《まよ》う

わたしが、ゴリラを追って入っていったアフリカ低地のジャングルは、無数の川が走り、大小の山が入《い》り組《く》む、複雑な地形だった。ゴリラの足あとをたどると、川の上にかかった倒木《とうぼく》の上をゴリラが渡っており、山の中腹《ちゅうふく》から、足あとがよく見えなくなった。

おそらく大好物のフルーツがなる木にめぐりあい、ゴリラが木に登ったり、岩にしがみついたりしているうちに、地面の足あとが、たどれなくなったんだろうと思った。

足あとを見失うと、川のそばの砂地やゾウの道で、ゴリラの痕跡を探した。砂の上には、くっきりと手形や足形がついていて、思わずその大きさに見とれてしまう。指の太さはまるで、野球のグローブのようだ。

浅い川なら平気で渡っているところをみると、どうやら低地のゴリラは水をこわがらないらしい。ゾウの道は、車が通れるくらい幅が広く、そこをゴリラたちは仲間と連れ立って歩いているようだ。大小の足あとがあって、子ども連れであることがわかる。

ゴリラの後を追うのは楽しい。ゴリラが食べたフルーツや、ゴリラが寝たあとを確《たし》かめていくうちに、ゴリラになったような気分になれるからだ。

険《けわ》しい斜面を息を切らせながら登ってひと息つくと、開けた場所にゴリラが食べたフルーツのかけらが散らばっている。ああ、ここでこのフルーツを食べたいために、この坂を登ってきたんだなと思う。

ゴリラがなにを感じて、なにを喜びながら歩いているのかが、手に取るようにわかる。暗いジャングルも、だんだん楽しい場所に見えてきた。

でも、ゴリラ任《まか》せに歩いていると、思わず遠出をしてしまい、道に迷ってしまうことがある。長らく人が歩いていない保護《ほご》区の森には、人の道がついていない。ゾウやバッファローの通った道を伝ってゴリラを追っているので、人間の目的や意図《いと》に従《したが》っているわけではない。だから、迷いそうな場所に差しかかるたびに、大木の幹《みき》に山刀で傷《きず》をつけたり、枝《えだ》や草を折って目印を作る。キャンプにもどるさいに、それらの目印を頼《たよ》りにしようというわけである。ところが、あるとき突然《とつぜん》の豪雨《ごうう》に見舞われて、川が氾濫《はんらん》し、目印が流されて消えてしまったことがあった。雨がやんで、辺りが暗くなっても、帰り道がわからない。

うろうろしているうちに、夜のとばりが下り始めた。自分の手も見えない、漆黒《しっこく》の闇《やみ》である。自分の足で大地に立っている感じがなくなって、ふわふわと宙《ちゅう》をさまよっているように感じる。

わたしたち3人は1列になり、前の人の肩《かた》を両手でつかんで歩き始めた。なにも見えないから、足で大地の感触《かんしょく》をつかみ、耳と鼻を働かせて周囲の状況《じょうきょう》をうかがうしかない。

するとそのとき、辺りに青白いかすかな光がさし始めた。円筒形《えんとうけい》だったり、とがっていたり、いろんな形をした物体が光りながら宙に浮《う》いている。これは木の幹や枝について光るキノコの仕業《しわざ》である。ほかに光があるとめだたないが、真っ暗になると見えてくる。わたしはまるで、宇宙《うちゅう》空間をさまよっているような気がした。

木の根や岩でごつごつした地面を数時間歩き続けたあと、先頭の若者が、煙《けむり》のにおいがするとささやいた。キャンプのにおいである。

そこで、わたしたちは大声で叫《さけ》び、キャンプの仲間に明かりを持って迎《むか》えに来てもらうことができた。今にして思えば、とても幸運だったとしか言いようがない。

でもわたしは、人間が視覚《しかく》以外の力で歩けることを知った。そして、なによりも、闇の中で光る美しい生き物に出会えたことを、とてもうれしく思ったのである。

## 魔法《まほう》を使うおじいさん

コンゴでわたしが勤《つと》めていた研究所に、立派《りっぱ》な標本室があった。昆虫、は虫類、鳥類、ほ乳《にゅう》類など動物の標本室には、いつもホルマリンのにおいが充満《じゅうまん》していて、おびただしい量の毛皮や骨《ほね》が積み上げられていた。

奇妙《きみょう》な形をした虫たちがガラスケースの中にピンで留《と》められていて、それぞれどんな暮らしをしているのか、生きている姿《すがた》を想像《そうぞう》したものだ。でもジャングルの中では、なかなか出会えない。

植物の標本室にはデゥンボという名の老人がいた。しわだらけの顔をしていて、自分でも年齢《ねんれい》がよくわからないと言っていた。昔からここで植物の分類をしていて、持っていけば、どんな植物で

もぴったりの標本を探し当ててくれた。

その標本に書かれている記録を読めば、どこで採集され、どんな性質《せいしつ》を持った植物であるかがわかる。長い経験《けいけん》を持つデゥンボおじいさんは、ジャングルに慣れていないわたしたちには、とても頼《たの》もしい存在だった。

デゥンボおじいさんは、人々に魔法を使うと恐《おそ》れられていた。この地方には昔からムロジと呼ばれる魔術師《まじゅつし》がいる。ムロジが使うのは動物の骨や皮、角《つの》や牙《きば》だが、それらを多種多様な植物に混《ま》ぜて使う。熱帯の植物は、もっぱら虫に食べられないために、さまざまな毒性の化合物をふくんでいる。その毒に当たると体がはれたり、思うように動けなくなったり、視覚を失ったり、ひどいときには命を失うこともある。

ムロジはこういう植物の毒をよく知っているし、その毒を消す方法もよく知っている。デゥンボおじいさんも、植物の知識《ちしき》が豊富《ほうふ》だから、ムロジのように魔法を使うと恐れられていたのである。

人々は病気にかかると、デゥンボおじいさんのところに相談に来た。すると、おじいさんは念入りにその症状《しょうじょう》を調べ、病気になったいきさつを聞く。病気になるのは、だれかにうらまれて、魔法をかけられたせいだと思われているからである。魔術師が毒を処方《しょほう》し、それが食べ物や飲み物に入れられていることもある。

だから、どんな植物の毒が使われているかがわかれば、その毒を消す方法もわかる。デゥンボおじいさんは、それをよく知っているのである。

話を聞くと、おじいさんはしばらく考えて、昔からつきあいのあるトゥワと呼《よ》ばれる森の民を呼び出す。そして、特別な植物の名前を言って、とってくるように頼む。これらの植物のありかを知っているのはトゥワ人だけなのだ。

植物が手に入ると、おじいさんは薬の処方を病人の家族に伝える。すりつぶして体にぬることもあるし、煮出してその汁を飲むこともある。効果《こうか》がすぐ現れることもあれば、治《なお》るまで何か月もかかることもある。でも、町の薬屋で買った西洋の薬では効果のなかった病気が治ることもある。ここは町から遠いし、薬を買うには高いお金がかかる。地元の人々にとって、デゥンボおじいさんは信頼《しんらい》のおける薬屋さんなのだ。

地元でかかる病気は、地元の材料で治せる。それがデゥンボおじいさんの信念だった。ジャングルで生きる人々の知恵を、わたしは見たような気持ちになった。

## 虫を食べる

アフリカで、いちばん面食らったのは、人々がいろんな種類の虫を食べていることだった。

低地のジャングルを歩いていたとき、先頭の青年が立ち止まった。なにか見つけたのかと思い、かけ寄ってみると、大きなだ円形をしたクズウコンの葉っぱを手に取っている。見ると、大きなとげのある、赤っぽいいも虫が、張りついている。きれいだなと思うと同時に、それがモクモク動くのを見て、少し気味《きみ》が悪くなった。

　すると、その青年はそれをつまみ取って、クズウコンの葉っぱに包んだ。あちこちに同じ虫が、張りついている。それを見て、みんないっせいに、虫を採集し始めた。いったい、こんな虫をどうするんだろう。

　聞いてみると、これはおいしいんだと言う。ヤシ油でいため、塩で味つけをして食べる。実《じっ》際《さい》、そうして料理されたいも虫をごちそうになった。悪くない味である。

　それから、いろんな虫を食べた。アブラヤシの幹《みき》の中にひそんでいるのは、5センチほどもあって、丸々と太ったいも虫。成虫になると、鼻面《はなづら》の長いゾウムシになる。白っぽくて、いかにも脂《あぶら》がのっている。これは生《なま》でも食べられる。サッカーボールぐらいの大きさの袋《ふくろ》に、びっしり入っている、赤、緑、黄と色とりどりのいも虫。これは野生のカイコの仲間だそうだ。毛

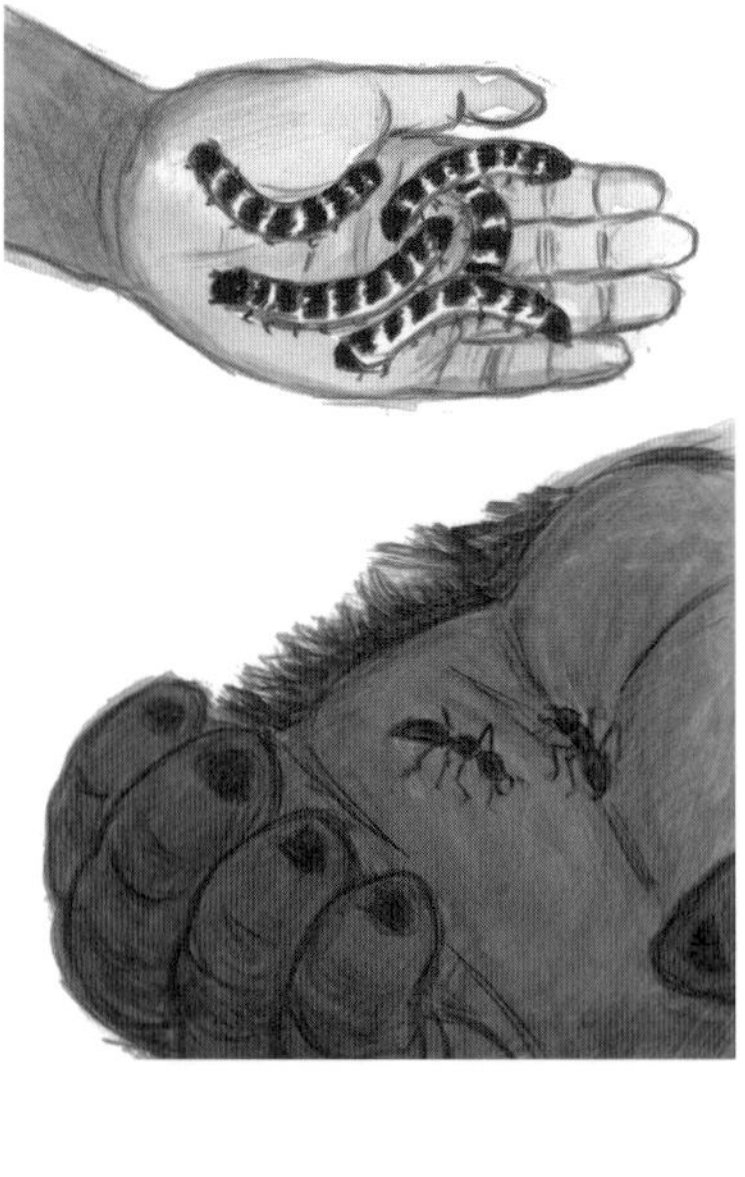

を取り、内臓《ないぞう》を出して乾かしてから、煮こんで食べる。

とってもおいしかったのは、シロアリである。ジャングルを歩いていると、あちこちに、どろでできた大小の塚《つか》※1が立っている。塚はかたくて、ふつうの動物には、こわせないから安全だ。いくつか穴があいていて、ここからシロアリが出てくる。せっせと枯れ葉を運び込んで、塚の内部でそれを消化して暮らしているのだ。

雨季が始まると、シロアリたちは羽が生えて、いっせいに飛び立つ。このときに採集して水につけ、羽を落とす。それをフライパンでいためて食べたら、まるで松の実のような味がしておいしい。生でも食べられる。

人々が大好きなのはハチミツである。ハチがブーンと羽音をたてて行きすぎると、すぐその後を追う。運よく木の上にハチの巣を見つけたら、さあ、ひと仕事だ。小枝を束ねて火をつけ、木に登って煙でいぶしながら、ハチの巣をとる。こうすればハチに刺《さ》されなくてすむのだ。針《はり》を持たないハリナシバチの巣もあるし、地面の中に作られている巣もある。巣にはハチミツがとろけ出していて、みんなでそれにかぶりつく。気が遠くなるほど甘い。ハチミツがなくても、六角形の穴に産みつけられている幼虫を巣ごとしぼると、白い牛乳のような液体になって、飲むと甘くておいしい。

そんなおやつをときどき食べながら森歩きをしていると、ゴリラも虫を食べていることに気がついた。

ゴリラのふんを水で洗って内容物を観察してみると、たくさんのアリの頭が出てきたのだ。ふつうのアリより大きく、ハリアリというおなかに針のある仲間だ。刺されると痛《いた》い。そういえば、ゴリラの後を追っていると、地面をかきまわしたあとが見つかり、なにを探したんだろうと不思議に思っていた。ハリアリを捕《つか》まえて食べていたのだ。ほかにもシロアリ塚をゴリラが手でこわしたあとが見つかった。

考えてみると、日本人だってハチの子を食べるし、昔はよく弁当に、イナゴのつくだ煮が入っていた。ゴリラも人も、昆虫を貴重な栄養源《げん》の珍味《ちんみ》※2として、好んで食べているのかもしれない。

※1　土を高く盛り上げたところ。
※2　めずらしくて、おいしい食べ物のこと。

## 海の近くにすむゴリラ

マウンテンゴリラという名が示すとおり、ゴリラは山と森の生き物だ。シルバーバックは、奥深い森の中にこそふさわしい。しかも、ゴリラは泳ぐことができない。動物園に飼《か》われているゴリラを、なんとか泳げるように訓練したエピソードが伝わっているが、どうしても泳げるようにはならなかったようだ。

でも、ゴリラは海の近くにもすんでいる。大西洋に面したガボン共和国には長い海岸線がある。そのほとんどは深い森におおわれていて、ゴリラがときどき海岸を歩く姿が目撃されている。それを聞いて、わたしは海のそばのゴリラたちを見に行くことにした。

ガボンは日本の約３分の２の国土面積を持ち、そのうち80パーセント以上が森林である。人口は２００万人程度で、ほとんどが首都のリーブルビルに集中している。飛行機から見下ろすと見渡すかぎり森が続く。汽車に乗っても、人家も畑も見当たらない。無人駅ばかりで、だれも列車から降りない。

ガボンには、この国にしか見られないめずらしい動物や鳥がいるらしい。地球上でアマゾンに次ぐ大森林の一部なのだ。わたしは身ぶるいがした。

大西洋に注ぐ河口《かこう》付近にある森林省の出張所で、やってきた理由を話し、森を知っている村人を３人紹介《しょうかい》してもらった。みんな漁師で、ときどき網《あみ》をかけるために舟を走らせ、森を歩くという。聞くと、海岸近くの森で何度もゴリラを見かけたそうだ。さっそくエンジン付きの丸木舟で川を渡り、マングローブの林をぬけて森に入ることにした。

砂浜《すなはま》を踏《ふ》みしめると、運のいいことにさっそくゴリラの足あとが見つかった。大きな足あとと、中ぐらいの大きさの足あとがいくつか砂の上にくっきりと残っている。どうやらシルバーバックと数頭のメスがここを通ったようだ。わたしたちは、そっと後をつけることにした。

しばらく行くと、大きなイチジクの木があり、その下に生えているアフリカショウガの葉っぱが揺《ゆ》れている。あれ、なにかいるのかな、と思った瞬間《しゅんかん》にゴリラが顔を出した。じっとこちらを見ている。

毛が茶色い。頭は平たく、体はほっそりしている。メスらしい。むくむくと長い毛におおわれたマウンテンゴリラとはずいぶん印象がちがう。もっと見ようと体を乗り出すと、メスの後ろからゴワッと大きな声がしてオスが飛び出し、そのまま道を横切って草むらに飛び込んだ。メスも後に続く。ほかに2頭のメスと子どもゴリラがあわてたように道を横切っていく。

追いかけようとしたとき、パオッという声がして、道の向こうに薄《うす》茶色の動物が現れた。ゾウである。大きな耳を立ててこちらを見ている。やけに小さい。まるで牛ぐらいの大きさに見えた。サバンナにいるゾウとちがって、牙《きば》はまっすぐ下に伸《の》びている。

双眼鏡《そうがんきょう》を構《かま》えようとすると、村人の一人がわたしの肩をつかんだ。危《あぶ》ないから近づくな、と言う。このときはまだここのゾウのこわさを知らなかったので、前進をうながすと、とんでもないという表情で止められた。わずかな出会いだったが、少なくとも海岸にゴリラが出てくることがわかったのは大きな成果だ。わたしはしばらく、海辺のゴリラとつきあってみようと思った。

# 海辺の動物たち

ガボンの海岸にテントを張って、わたしはゴリラを探し始めた。砂浜は足あとがくっきり残るので見つけやすいが、満潮《まんちょう》で波に流されたり、雨が降ったりするとすぐに消えてしまう。それに、砂浜の足あとは、どれも森へと向かっていく。やはり、ゴリラの主な生活場所は、森の中にあるらしい。

そこで、海岸に近い森を歩くことになったが、ここではたくさんの動物たちに出くわした。歩くたびに色とりどりの鳥たちが舞い上がるし、チョウたちがひらひらと、目の前に舞い降りる。赤い毛をしたイノシシが、興奮《こうふん》して走りまわる向こうで、ホロホロチョウという鳥たちが、ざわざわと騒《さわ》ぐ。

そんなある日、森の中にあちこちあいている穴《あな》の近くを通りすぎると、突然足を引っぱられた。見ると、体長2メートルぐらいのワニが、わたしの足にかみついている。長靴《ながぐつ》の先のほうをかんでいるので、痛くはない。かみつき方も弱々しく、足をふったらすぐに放してくれた。

頭が三角形で、口が短く、ニシアフリカコビトワニと呼ばれるワニの仲間だ。海岸に近い川にすんでいて、魚類やカエル、貝などを食べている。性質はおとなしく、人間や家畜《かちく》をおそうこともないらしい。森を歩くと、小川の近くにじっとうずくまっているのを見かける。なんとなくかわいらしくて、声をかけてやりたくなった。

カバの親子にも出くわした。川の中にいると思っていたので、森の中を近づいて来たときは、ゾウかと思った。でも、ゾウにしては背が低すぎる。大木のかげにかくれて見ていたら、大きなカバだとわかった。わたしたちから5メートルぐらい離れたところを、丸太のような体をゆさゆさ揺らしながら通りすぎていく。

あとから小さなカバがやってきた。まだ子どもだ。きょろきょろ、辺りを見回している。わたしたちに気づいて、小走りにお母さんカバのほうへかけ出した。お母さんカバがわたしたちに気づいて、おそってきたら大変だとひやひやしたが、お母さんカバは走り寄った子どもに見向きもせず、悠然《ゆうぜん》と前を向いて歩き去った。

ある日、森からキャンプへの帰り道に、海岸を歩いていたら、大きな鼻が二つ水面に浮かんでいるのに気づいた。なんと、カバである。そんなバカな。カバは川にいる動物だ。それがなんで海に浮かんでいるんだろう。

見ていると、カバは気持ちよさそうに波に揺られながら、泳ぎ去った。キャンプに帰って、カバが海にいる理由をみんなで話し合った。カバの体にはダニなどの寄生虫《きせいちゅう》がついている。バッファローは、ウシツツキという鳥を体にとまらせて、ダニをとってもらう。でも、ウシツツキよりもっといい方法がある。それが海に入る方法じゃあないだろうか。

海は塩分が濃《こ》いので、ダニや寄生虫が成育できない。わたしたちが海の魚を生で食べられるのはそのおかげである。ひょっとしたら、カバは体についた寄生虫を除去《じょきょ》するために、海に入るのかもしれない。

そう思うと、カバがずいぶんきれい好きな動物に見えてきた。ふだんは川で暮らしているが、ときどき河口付近まで泳いできて海に入る。ぷかぷかと浮かびながら寄生虫が体から落ちていくのをじっと待っている。そんな姿を想像すると、カバがとてもユーモラスに思えてきた。ワニといい、カバといい、海辺《うみべ》の森は陸とはちょっとちがった動物の姿を見せてくれる。きっとゴリラもそうにちがいない。そう思うと、わたしの胸《むね》は期待に大きくふくらんだのである。

## 海と陸の王者

雨季の最中、霧《きり》の深い朝だった。ゴリラの森に出かけようと、対岸へ船を走らせていたときのことだ。突然、大きな船のようなものが川の真ん中に浮かんでいるのが、目に飛び込んできた。しかも船底を上にしているようだ。「転覆《てんぷく》しているぞ！」とわたしは思わず声を上げた。

「いや、ちがう」と船を操《あやつ》っていた地元の人はわたしをふり返った。「クジラだよ」。そんなバカな！　ここは川じゃないか。川にクジラがいるなんて！

たしかに近寄ってみると、それは腹をあお向けにして浮かんでいるクジラの死体だった。ガスが体内に充満しているせいか、パンパンにふくれあがっている。この川は汽水域《きすいいき》といって、潮《しお》の満ち引きに応《おう》じて海水が流れ込んでくるそうだ。

でもいったいクジラがなにをしに川にやってくるんだろう。ときどきクジラが迷い込んでくるそうだ。ンを食べる大型のナガスクジラと、魚やイカ類を食べる比較《ひかく》的小型のハクジラがいて、これはハクジラの仲間だ。魚を追って川にまぎれ込み、潮が引いて出られなくなったんだろうか。それとも病気にでもなって、錯乱《さくらん》したんだろうか。

クジラにもっとも近いほ乳類はカバだという。そういえば、ここではカバが海に入ることがある。カバと共通の祖先《そせん》を持ち、陸に残ったカバと分かれて海へ旅立ったクジラも、ときには陸が恋《こい》しくなって、カバのいる川にもどってくるのかもしれない。

クジラは浮力《ふりょく》のある海にすんでいるので、地球上でもっとも巨大《きょだい》な体を持つことができた。陸上で最大の動物はゾウだ。ゴリラの森にはゾウもすんでいる。ここは陸と海の最大の動物が出会う場所なのだ。

ゾウにはとても悩《なや》まされた。わたしたちは海岸にテントを張って暮らしていた。砂地で雨が降ってもぬかるむことはないし、海で魚を釣れるし、砂浜でカニも捕れる。湿気《しっけ》が飛ぶので洗濯物《たくもの》も乾きやすい。わたしたちは毎朝、砂浜から森に入ってゴリラの足あとを探し、ひたすらゴリラと出会うことをめざして歩き続け、夕方、砂浜へもどってくる。しかし、いつも砂浜の近くに年老《としお》いたメスのゾウがいて、わたしたちを追いかけまわすのだ。

ゾウは意外に足が速い。逃げても追いつかれてしまう。そんなときは、海に飛び込むのが最《さい》善《ぜん》の手段《しゅだん》だ。ゾウは海には入ってこない。おそらく川では泳げるだろうが、どうやら波と塩水が苦手らしい。そこで、わたしたちはゾウに見つかると、なるべくキャンプの近くまで走って海に飛び込むことにした。ゾウはやがてあきらめて森へもどっていく。

ところが、ゾウは夜も活動する。このメスゾウも、やがてわたしたちに慣れてきて、夜にわたしたちが寝静まったころ、キャンプに忍《しの》び寄ってくるようになった。テントのまわりにロープを張って入れないようにしたのだが、鼻を伸ばしていろんな物を探《さぐ》り始めた。やがて、あきらめて来なくなったが、しばらくは夜、トイレに出かけるのにもゾウを警戒しなければならなかった。

陸の王者ゾウでも海には入れない。でも、ときどき大海原《おおうなばら》から顔を出すクジラを見て、海の世界にあこがれることがあるんだろうか。そういえば、人間はいつのころからか船を造《つく》り、海をわが物にして自由に旅をするようになった。それはこのガボンの国のように、ジャングルと大海原が接《せっ》するところで始まったのかもしれないな、とわたしは思った。

## 川を渡るゴリラ

ゴリラは水を恐れる。長いあいだ、わたしはそう思っていた。山の上にすんでいるマウンテンゴリラは、小川のせせらぎから手で水をすくって飲んでも、流れに足を入れることはない。どんなに浅い川でも、木が倒《たお》れて橋になっているところを渡る。カフジ山やその低地にすんでいるヒガシローランドゴリラも川沿いを歩いていたが、足首がつかる程度《ていど》の浅い川にしか足を踏《ふ》み入れることはなかった。だから、川がゴリラの国を分ける境界なのだと、ずっと思っていた。

ところがガボンの森で、わたしは水を恐れないゴリラたちに出会ったのだ。

ある暑い日の昼下がり、わたしは海岸近くの森を歩いていた。森の中は暗く湿《しめ》っていて、小さな小川が無数に流れて海へ向かっている。長靴をはいて歩いていたわたしは、無造作《むぞうさ》に小川に足を踏み入れた。すると突然、グアワオッという大きなほえ声がして、すぐ目の前で水しぶ

きが上がった。

　驚いて身構えると、大きなゴリラが水の中をバシャバシャと大きな音をたてて走っていく。続いて、メスや子どものゴリラたちも、あわてふためいて小川を走って渡る姿が見えた。

　えっ、ゴリラじゃないか、とわたしはあっけにとられて立ちつくした。まさか、ゴリラが川に入るとは思っていなかったからである。見上げると、小川の上方《じょうほう》にかぶさっている木の枝にゴリラのベッドが作られている。ゴリラたちは昨晩ここで寝て、朝からずっと小川のそばで過《す》ごしていたらしい。

　ニシローランドゴリラは、水を恐れないかもしれないぞ。そう思ったわたしは、それから川のそばや湿地でも、ゴリラを探して歩くことにした。すると、次々にゴリラが川に入ったあとが見つかったのである。

　でも、どうやら海には入らないらしい。海に注ぐ河口付近には来るものの、波が足あとを洗う海岸では、どうしてもゴリラの足あとが見つからなかった。
そこで、ゴリラを追ってもう少し内陸の森に足を踏み入れることにした。海岸近くでは、わたしたちが渡ることができない湿地が広がっていて、ゴリラを追跡できないことがわかったからである。

わたしが胸までしずんでしまう湿地でも、ゴリラは、やすやすと渡ることができる。一度その姿を見たことがあるが、大きなおなかを湿地の水面につけ、長い腕で水をかきながら、猛《もう》スピードで走っていた。おなかが浮き袋の役割をしているのだ。足が短く、腕が長いゴリラの体は、湿地をうまく渡れるようにできているのかもしれない。

海岸から100キロメートルほど内陸に入ったムカラバ国立公園で、わたしたちはゴリラの追跡と観察を始めた。数年かかって、やっとゴリラを近くで観察できるようになると、驚くべきことが次々にわかってきた。

まず、たしかにここで暮らすニシローランドゴリラは水をこわがらない。子どものゴリラはよく小川に入って手で水をかき回したりして遊ぶし、川の中を走ることもまれではない。腰《こし》までつかる深い川は、両手を上げて二足《にそく》で渡る。とくに暑いときは体を冷やすためか、浅い川に入って、お尻《しり》を水につけていることがある。ゴリラたちがのんきに水につかっている姿は、まるで温泉《おんせん》に入っているみたいだ。でも、やっぱりゴリラたちが泳ぐ姿は見かけたことがない。ニシローランドゴリラは泳げないけれど、水と親しむ暮らしをしていたのである。

第８章

# すてきで不思議なゴリラたち

## やさしいパパと障害《しょうがい》を負《お》ったドド

曲がりくねった川と深い森が続くガボン共和国のムカラバ国立公園で、ゴリラを追跡《ついせき》して人間に慣《な》らすには、長い時間がかかった。この辺りでは、昔からゴリラは食料として狩猟《しゅりょう》されているので、ゴリラが極度に人間を恐《おそ》れていたからだ。

でも、2年かけて追いやすいゴリラのグループを見つけ、それから3年かけてやっとゴリラたちに近づいて観察できるようになった。それはひとえに、このグループを率《ひき》いていたシルバーバックのオスが、わたしたち人間を受け入れてくれたおかげである。

このオスに、わたしたちは「パパ・ジャンティ」という名をあたえた。フランス語で「やさしいパパ」という意味である。パパは最初、とてもこわかった。

グループに近づくと真っ先に飛び出してきて、肩《かた》を上げて怒《いか》り、わたしたちをにらむ。子どものゴリラたちが好奇心《こうきしん》を抱《いだ》いて、わたしたちに近づいてくると、グオッとほえて注意する。道を渡《わた》るときは、メスや子どもたちがすべて渡りきるまで、道の上に座《すわ》って見守っていた。パパはいつもゴリラたちの力強い保護《ほご》者だったのだ。

あるとき、このグループに事件が起きた。単独《たんどく》で暮《く》らしているオスゴリラと衝突《しょうとつ》して、1

頭のメスがいなくなったのだ。おそらくこのオスについていったと思われる。ゴリラのメスはときどきこうやって、連れそうオスを替《か》えることがあるのだ。

でもこういうときは、オス同士が激《はげ》しくぶつかり合い、ときどき子どもが争いに巻《ま》き込《こ》まれて大けがを負ったり、死亡《しぼう》したりすることがある。

このメスの子どもで、ちょうど3歳《さい》になったばかりの「ドド」というオスが、右腕《みぎうで》の肘《ひじ》から先を失う大けがをした。やっと乳離《ちちばな》れするかどうかという年齢《ねんれい》で母親を失ったうえに、歩くことも不自由になったのだから、もう生き延《いの》びることは難《むずか》しいと、わたしたちは思った。

ところが、ドドは生き延びて、立派《りっぱ》に成長したのである。それはパパのやさしい思いやりのおかげだった。

当初、ドドは右手を地面につくことができないので、左手1本でひょこひょこと歩くしかない。どうしても仲間についていけずに遅《おく》れてしまう。

すると、パパはドドをじっと待ち、ドドを先導《せんどう》するように、ゆっくりと歩いてあげるのだ。木に登れないドドが下で待っていると、パパが木の上から、おいしいフルーツをたくさん落としてあげる。それを拾って、ドドはおなかを満たすことができた。

でも、なにより驚《おどろ》いたのは、ドドのたくましさである。自分の運のなさをくやむ様子もなく、左手だけでほかの子どものゴリラたちと対等に渡り合える能力《のうりょく》を身につけた。足と背中《せなか》を使って上手《じょうず》に木に登り、フルーツのついた小枝《こえだ》を右のわきの下にはさんで木の上を移動《いどう》する。

やがてドドは、どんな木にも登って、ひとりで食物を探《さが》すことができるようになった。地上を素早く走って、子どもたちをからかって遊ぶようになった。これはお手本があるわけではない。ドドがひとりで生み出した技術《ぎじゅつ》である。

おそらく、ドドは自分に起こった出来事を悲しんだりしていない。「もし右手を失わなかったら」などと思わないのだ。あるがまま、今の自分を見つめて、自分の能力を精《せい》いっぱい使って楽しんでいるのだ。それをほかのゴリラたちも歓迎《かんげい》してくれる。

そんなドドを見て、ゴリラってなんてすてきな心を持っているんだろうと、わたしは思った。

## じつは強いメスたち

マウンテンゴリラやヒガシローランドゴリラとの長いつきあいから、ゴリラのメスは、大きなシルバーバックに頼《たよ》りきっている、と思っていた。

なにか危険《きけん》を感じると、すぐにシルバーバックのかげにかくれるし、なにか不満があれば、シルバーバックのほうを見て助けを求める。メス同士は、あまり仲がよくないけれど、シルバーバックが大きな体で間に入るおかげで、激しいけんかにはならないと感じていた。

ところが、ある事件をきっかけに、わたしは考えを改めるようになった。ゴリラのメスにわたしは、突然《とつぜん》おそわれたのだ。

ムカラバ国立公園では、なかなかニシローランドゴリラの群《む》れに、接近《せっきん》することができなかった。近づくと、シルバーバックのパパ・ジャンティが飛び出してきて、わたしたちをにらみ、肩を怒らせて立ちふさがる。

そこで、ゴリラたちと少し離れてついて歩き、またまただんだんと接近を試みる。そんなことを毎日くり返していた。

でも、シルバーバックに、おびやかされるたびに引き下がっていては、いつまでたってもゴリラの群れに受け入れてもらえない。わたしは、少しあせりを感じていた。

その日はパパが何度も飛び出してきて、わたしたちの接近をこばんだ。パパはなんだかイライラしているようだった。これ以上近づくと危《あぶ》ないかなと、わたしは思った。もうそろそろ引き上げようか、と思った矢先だった。

突然、ホッホッという高い声がしたかと思うと、メスが2頭並《なら》んでわたしのほうへ突進《とっしん》してきた。思わず後ずさりしたわたしに、メスたちは、ためらうことなく飛びかかってきた。1頭はわたしの右足をつかんでかみつき、もう1頭は、わたしの頭にかみついた。

目の前に大きな顔がせまって、頭が真っ白になったと感じた瞬間《しゅんかん》、グオッというほえ声が耳全体に鳴りひびき、わたしは突《つ》き飛ばされた。目を開けると、パパとメスたちが背中を向けて去っていく姿《すがた》が見えた。

わたしは頭が血だらけで、右足は、ざっくりと裂《さ》けている。もう追っていく気力もなかった。村へもどって頭を5針《はり》、足を17針縫《ぬ》う大けがだったが、それにも増《ま》してショックだったのは、ゴリラのメスたちがオスに先んじて攻撃《こうげき》してきたことだった。

メスはオスをけしかけるはずだから、オスの反応《はんのう》に注意しておけばいいと思っていたのに、メスが飛びかかってきたのだ。こんなことはわたしの経験《けいけん》にはないし、聞いたこともない。それにメスたちは、わたしを殺したいほど、憎《にく》んでいるのだろうか。そう思って暗い気持ちになったのである。

しかし、それからゴリラたちを注意深くながめてみると、ここではメスがオスを攻撃することがわかってきた。シルバーバックの頭にも傷《きず》がある。わたしがかまれた後頭部は、ゴリラのオスなら脂肪《しぼう》が盛《も》り上がっているので、メスの犬歯《けんし》では頭骨《とうこつ》に達しない。

おそらくメスたちは、わたしをこらしめるつもりで、ゴリラのオスをおそうように、致命《ちめい》的ではない部分をかんだのだ。そう思うと、わたしの気持ちは少し楽になった。マウンテンゴリラとちがって、ここのニシローランドゴリラの社会では、メスが強くてオスに頼らずに自発的な行動に出るのだ。

それに、この惨劇《さんげき》を近くで見ていた現地の案内人から聞くと、あのときパパが飛んできて、メスたちをわたしから引き離し、追い立てるように森へと去ったということだ。わたしの目の前にあった大きな顔はパパだったのだ。わたしはパパに助けられたのである。

わたしをいさめたことで、メスたちの不満も解消《かいしょう》されたのか、それからあまりわたしを攻撃しなくなった。

ここのゴリラ社会は、強いメスのイニシアチブによって動かされている。オスはその調整役を果たしている。ゴリラはオス中心の社会というわたしの考えは、大きく変更《へんこう》をせまられることになったのである。

## ゴリラの不思議な手たたき

大西洋岸の赤道直下の国、ガボン共和国で、ムカラバ国立公園の中にテントを張《は》って、ゴリラの調査《ちょうさ》を始めた。ときおり強い雨が降《ふ》るので、ヤシの葉で大きな屋根を作り、そこにいくつものテントを張った。まわりには、ぐるっと溝《みぞ》を掘《ほ》って、大雨が降ってもテントが水びたしにならないようにした。

ここは川が近いし、水面から10メートル以上高いので、増水《ぞうすい》しても安心だ。毎日、川での行水《ぎょうずい》は欠かせないし、食器や服を洗うにも大量の水がいる。釣《つ》りをすれば、けっこうおいしい魚が捕《と》れる。なかでもデンキナマズは、コリコリしてとてもおいしい。最後に地面の草を刈《か》り取って、ヘビやダニが侵入《しんにゅう》しないようにした。

テントの場所は、わたしたちが追跡しているゴリラの群れがやってくる地域《ちいき》だ。事実、テントのすぐそばを群れが通ることがある。ほかのゴリラの群れも近くまで来ることがあるし、テントのすぐそばの木にチンパンジーが登っていることもある。

夕方や明け方にゾウやバッファローも、のっそり姿を現すし、タラポアンという小さなサルも木の上を走る。まさにジャングルの動物たちの楽園だった。

ある日の夕方、森からもどって水浴びをしていると、キャンプの人が「ちょっと見て見て！」と、ひそひそ声で騒《さわ》いでいる。なんだろうと思ってテントのそばの草やぶに入ってみると、１頭のゴリラが座っている。どうやら若いオスのようだ。わたしを見ても、逃《に》げる様子はない。なにやら熱心に両手をたたいている。しかも、片方の手のひらを上に向け、もう一方の手で、土くれのようなものを持って、手のひらに打ちつけているのだ。

初めて会ったゴリラだから、人間を恐《おそ》れて、逃げてもいいはずなのに、平気な顔をしている。それにいったいなにをしているんだろう。じっと見ていると、ゴリラがたたいているのはシリアゲアリというアリの巣であることがわかってきた。このアリは、尻《しり》を上げて歩くのでこんな名前がついたのだが、木の幹《みき》に土を運んできて、フットボールぐらいの巣をこしらえる。ゴリラはそれを手でこわし、さらに手でたたいてアリを巣から落として食べていたのだ。

以前、カフジの低地の森でヒガシローランドゴリラが地面をたたいてサシアリを食べているのを見たことがある。ムカラバの森のニシローランドゴリラも、たたくことでアリを食べているのだ。ただ、そのやり方はとても上手で、アリの巣を片手で交互《こうご》に持ち替えながらたたいている。それぞれの手が別々の役割《やくわり》をしている。これは、道具を使っているような動作だと、わたしは思った。

チンパンジーは石や木を使って、かたいナッツを割《わ》る。ゴリラはこういった道具を使わないけれど、片手でもう一方の手に打ちつけてアリを落とす。しかも、アリの巣を持ち替えて、同じ動作をちがう手で行う。これはけっこう、高度な技術にちがいない。

わたしたちは、この若いオスに「ムル」という名をつけた。不思議なことに村人たちは、だれもムルに会ったことはないのに、ムルは初めから人間を恐れなかった。この日以来、ムルはたびたびキャンプに現れて、わたしたちを驚かすようになったのだ。ムルはまるでゴリラの国からやってきた親善大使《しんぜんたいし》のような気がして、わたしたちはいつもムルを温かく迎《むか》えた。

## 同じような声でもちがう意味

アフリカの低地、ムカラバの森でゴリラの集団《しゅうだん》を追っていたときのことだ。まだ、人との出会いに慣れていないから、わたしたちが近づいていくとシルバーバックのパパが、目の前に飛び出してくる。ひと声グオッとほえると、腕《うで》をまっすぐ地面に立てて肩を怒らせ、わたした

ちをじっとにらむ。「それ以上近づくな！」と言っているのだ。

　しかたなく、わたしたちは歩みを止めて、しばらく様子をうかがうことになる。するとパパは、もったいぶったようにきびすを返し、白い背中を見せてゆっくりと去っていく。

　でも、ここですぐに追いかけてはだめだ。ゴリラたちが落ち着いて隊列を組み直し、あるいは思い思いに散らばって食物を探し始めるまで待ってから、そっと動きだすことがとても大切だ。

　ゴリラを見失ってしまい、あせって動きだせば、ふたたびシルバーバックが、突進してくる。前より怒《おこ》っているから、こんどは飛びかかられて大けがをするかもしれない。

　でもそのとき、不思議な声が聞こえた。グロロロロロウという、のどを低く鳴らすような声が、やぶの中から聞こえてきたのだ。すると、あっという間にゴリラの気配がしなくなった。あれ、みんな行ってしまうんだ。今の声は「さあ、みんな行こう」という合図なのかな。わたしはそう思った。それから何回か、ゴリラたちに出会うたびに同じ声を聞いた。あるときは、シルバーバックの姿が見えなくても、この声がするとゴリラたちが移動し始めた。

待てよ、とわたしは思った。この声はどこかで聞いた記憶がある。どこだったかな。そうだ、タロウの声だ、とわたしは心の中で叫《さけ》んだ。

愛知県の犬山《いぬやま》市にある日本モンキーセンターに「木曽太郎《きそたろう》」という名前のオスゴリラがいる。イギリスのエジンバラ動物園育ちのゴリラだが、ニシローランドゴリラで、ムカラバのゴリラと同じ仲間だ。そのタロウに会うと、金網《かなあみ》越《ご》しに、じっとわたしを見つめてくれる。そして、わたしが去ろうとして歩み始めると、このグロロロロウという、くぐもったような声が聞こえるのだ。面と向かっているときはけっして出さない。わたしが背中を向けると、この声を投げかけるのだ。

ひょっとしたら、パパもタロウも、みんなが散らばるさいに発しているのかもしれないな、とわたしは思った。でもちょっとちがう。パパは「さあ行こう」だけれど、タロウは「もう行くんだね」のような気分だろう。同じ音声をちがった意味に使っている。おそらく、タロウも生まれつき、この音声を出す能力を持っているんだろう。でも、生まれ育った動物園という環《かん》境《きょう》で、その音声の使い方を野生でのものとは、変えてしまったのではないだろうか。

それからわたしは、ゴリラの声に注目してみることにした。おもしろいことに、1000キロメートル以上はなれたコンゴ民主共和国のゴリラも、同じような声を出すことに気がついた。でも、ここではシルバーバックが仲間から離れて、おいしい食物を見つけ、それを食べ始めたときに発声したのだ。ここのゴリラはヒガシローランドゴリラだから、種のちがいがある。

100万年以上前に、ニシローランドゴリラと分かれて独自の進化をしたので、同じような音声を、ちがう意味で使うようになったのかもしれない。

人間でも、同じ言葉が言語によってちがう意味を持つ。たとえば、「ナーニ」は日本語では「なに?」だけれど、アフリカのスワヒリ語では「だれ?」だ。ゴリラにも同じ現象が見られることに気がついて、わたしはうれしくなった。

## 食物の分配を見た

食物はサルにとって、つねにけんかのもとだ。サルの好きなフルーツは、実る時期が限られているし、葉っぱのようにたくさんあるわけでもない。だから、おいしいフルーツが熟《じゅく》すと、先を争って木に登り、フルーツをもいで口に放り込《こ》む。そんなとき、ほかのサルと、鉢合《はちあ》わせをしてしまったら、取り合いになりそうだ。

でもサルたちには、けんかを防《ふせ》ぐルールがある。サルたちは、自分がほかのサルより強いか弱いかをよく知っていて、強いサルの前では場所をゆずり、弱いサルの前ではフルーツを独占《どくせん》するのである。

ところが、チンパンジーはちがう。屈強《くっきょう》なオスが、おいしいフルーツや肉を手に入れると、

メスや子どもたちが集まってきて手を伸《の》ばす。オスの顔をのぞき込んだり、食べている口に手を当てたりして、分配をせがむ。すると、オスはしぶしぶながら、メスや子どもに食物を取らせるのだ。チンパンジーでは、弱いほうが強いほうから食物を取るのである。

長い間、ゴリラには食物の分配が観察されなかった。それは、フルーツのめったに実らない高地にすむ、マウンテンゴリラばかり調査してきたからだ。大量の葉っぱや草を食べていて、サラダボウルの中にいるようなマウンテンゴリラは、食物を分ける必要はない。でもわたしは、低地のムカラバの森でニシローランドゴリラの調査を始めたとき、ひょっとしたらゴリラにも食物の分配が起こるのではないかと思っていた。ムカラバの森にはフルーツがふんだんにあるし、ゴリラもフルーツが大好きだったからである。

その日はとうとうやってきた。パパ・ジャンティのグループと出会って5年めの、ある昼下がりのことだった。ドサッと音がして、目の前にいたシルバーバックのパパが、そそくさと音のするほうへ立ち去った。なにかあるぞ、と思って、わたしは、さっそくその後を追った。近くで休んでいたメスや子どもたちも、後を追う。

パパは大木のかげで、サッカーボールぐらいの大きさのフルーツを抱《かか》え、ちぎって食べていた。たちまち、メスや子どもたちがまわりを取り囲む。するとパパは、いったんちぎったフルーツのかけらを口に入れずに、ぽとりと落としたのだ。すかさず、おなかに赤ん坊《ぼう》を抱えたメスが拾って口に入れる。

またパパが、かけらを落とすと、こんどは子どものゴリラがそれを拾おうとした。しかしパパは、その手を押《お》さえ、もっと小さな子どもに拾わせる。そういったことが何度もくり返され、結局、パパを取り囲んでいた2頭のメスと3頭の子どもは、少なくとも1回はフルーツのかけらを拾うことができた。パパはみんなに公平にフルーツを分配したようだった。

このフルーツは「トレキュリア」といい、チンパンジーも、ときどき仲間と分配する。中身は甘いが、表面がかたくてなかなかちぎれないので、食べるのに時間がかかる。だから、みんなで集まって分配して食べることができるのだろう。これはゴリラによる食物分配の最初の発見だった。

ゴリラたちの姿は、わたしたちの食事を連想させた。人間もみんなで向かい合って、同じ食物に同時に手を伸ばして食べる。それは、力の強い者が弱い者に、食物を分配しているゴリラやチンパンジーたちの姿にそっくりだ。

サルとちがい、人間はゴリラやチンパンジーと近いルールのもとで食事をしている。しかも人間は、ゴリラよりもずっと気前がいい。食物がけんかではなく、仲間を楽しくつなぐ役割を果たしていることに気がついた。

## エコツーリズムをしよう

ニシローランドゴリラの生息地では、昔から人々がゴリラを食料としてきた歴史がある。幸いなことに、わたしたちがゴリラの調査を始めたムカラバ国立公園のそばにあるドサラ村では、ゴリラは食べられていなかった。この習慣《しゅうかん》を広げて、なんとかゴリラと人が共存《きょうぞん》できるようにしたいと思った。

調査が進むうちに、わたしたちが名前をつけたゴリラたちのうわさが広がり始めた。とくにパパ・ジャンティ（やさしいパパ）の名前は、700キロメートルもはなれた首都にまで届くようになった。

村人たちが、わたしたちから聞いた話をあちこちで伝え、それが評判《ひょうばん》になったからである。野生のゴリラを間近で見られるなんて、赤道直下の国、ガボン共和国ではこれまでありえなかったので、みんなが興味《きょうみ》を持ったのだ。

キャンプの手伝いに来ている女性たちも、キャンプのすぐそばを通るジャンティの集団を直接《ちょくせつ》見て、親しみを覚えるようになった。母親の背中に乗って運ばれていく赤ちゃんゴリラや、転がるように走っていく子どもゴリラを、みんな歓声を上げて見守ったものである。

ジャンティのグループのゴリラすべてに名前がつけられると、それぞれのゴリラの動向について、みんなが気にし始めた。なかには、村人の名前をつけたゴリラもいたので、腹《はら》を立てる人や自分のことのように思う人も現れて、村ではゴリラの話に花が咲《さ》くようになった。そこでわたしたちは、この地に外国から観光客を呼《よ》んできて、ゴリラを見せることを計画し始めた。

ガボン共和国は19世紀以来フランスの植民地で、1960年に独立してからも、欧米諸国《おうべいしょこく》の企業《きぎょう》が石油の採掘《さいくつ》や木材の伐採《ばっさい》を行ってきた。地元の人々は、これらの企業にすっかり頼りきって、自分たちで事業を興《おこ》そうという気を起こさなかった。

ドサラ村も、かつては木材の伐採で栄えたが、木材の会社がほかの土地へ移《うつ》ると人々もいなくなり、村はさびれてしまった。自分たちで橋や道路を造《つく》ったり、学校や診療所《しんりょうしょ》を建てたりする財力《ざいりょく》も人力もない。でも、「エコツーリズム」を立ち上げれば、村にお金が入ってくる。ゴリラをはじめとする地元の自然を保護して、観光に利用しようという機運が高まる。村人たちもゴリラも、豊《ゆた》かに共存できるようになるというわけだ。

「エコツーリズム」というのは、自然を対象にした少人数の観光の一つで、自然資源《しげん》を持続的に利用し、地元に経済効果《けいざいこうか》をもたらすことが目的とされている。わたしは、これをなんとか地元の力で実現しようと思った。

すでにコンゴ民主共和国のカフジ山《さん》で、ポレポレ基金《ききん》という地元の手による保護活動を立ち上げている。そこで、ポレポレ基金の代表者のジョンさんとコンゴ人の研究者バサボセさんに、ムカラバに来てもらった。かれらはアフリカで自然保護活動をする難しさや喜び、そして誇《ほこ》りを語ってくれた。それが子どもたちの教育にどんなに役立つかという話を、村人たちは目を輝《かがや》かして聞いていた。

幸い、日本のＪＩＣＡ《ジャイカ》（国際協力機構《こくさいきょうりょくきこう》）の支援《しえん》で、アフリカの人々が日本で研修《けんしゅう》できるようになった。そこでわたしはエコツーリズムを行っている日本の団体《だんたい》を紹介《しょうかい》して実習してもらった。

なにより、地元の美しい自然だけでなく、人々の伝統《でんとう》的な暮らしや活動を見せることが重要であることに、みんな目を見張《みは》った。ムカラバの人たちは、長らく自分たちの暮らしを海外の人たちに見せることを恥《は》ずかしいと思っていたのだ。

エコツーリズムはそれを逆転《ぎゃくてん》して、誇りを持って自分たちの文化を紹介することができる。それに気づいた人々は、やっと重い腰《こし》を上げ、エコツーリズムの実現へ向かって動き始めたのである。

# 第9章

# ゴリラから教わったこと

# 生きることは食べること

ゴリラといっしょに歩んできた旅も、そろそろ終わりに近づいた。さて、わたしはいったい、なにをゴリラたちから学んだのだろう。

朝から晩《ばん》までゴリラにつきあっていると、かれらが一日の大半を食べることに費《つい》やしていることがわかる。朝ベッドから起きだすと、すぐに寝《ね》場所近くの草を食べ始める。高地ならアザミやセロリだし、低地ならアフリカショウガやクズウコンだ。フルーツがあまり実らない高地では、それからも数種類の草や葉を食べ続け、10時ごろになると長い休息に入る。おなかは植物繊維《しょくぶつせんい》でいっぱいで、これを腸内に共生しているバクテリアの力を借りて消化する。おならも出る。フルーツが豊富《ほうふ》な低地では、広く散らばって歩きまわり、熟《じゅく》したフルーツを見つけると木に登って食事に専念《せんねん》する。フルーツは糖分《とうぶん》だから消化しやすく、長い休みをとる必要はない。だから低地のゴリラは短時間の休息をはさんで長い距離《きょり》を歩き、フルーツを探《さが》す。

こうして高地と低地のゴリラは食物の種類も食べ方も大きくちがう。しかし、食物を探して食べて消化することに多くの時間を当てていることは共通している。ゴリラにとって、日々の暮《く》らしは食べるという行為《こうい》のくり返しからできているのだ。でも、食べることはけっして簡単《かんたん》

な行為ではない。いつ、どこで、なにを、だれと、どうやって食べるか、という5つの課題をこなさなければならない。とくに、集団《しゅうだん》をつくって暮らす場合は、だれと食べるかによって、ほかの課題が影響《えいきょう》を受ける。自分より強い仲間がそばにいれば、自分の好む食物に手を出せないから、時間や場所を変える必要がある。食物の種類を変えたり、素早く口に放り込《こ》んで移《い》動《どう》するという方法をとるかもしれない。相手が自分より弱かったり、仲がよかったりすれば、またちがうやり方をするだろう。

それは人間でも同じだ。人間もゴリラの仲間だから、肉食動物のように一週間に2、3度肉を食べればすむということはない。毎日食物をとらなければならないように胃腸ができている。ただ、人間は栽培《さいばい》したり、調理したり、加工したりして消化のいい食物を作ることができる。しかも、現代ではわざわざ食物を探さなくても、レストランに行けばすぐに好みの料理を食べられるし、店に行けば調理済《ず》みの食物やすぐに食べられるインスタント食品が並んでいる。だから、食物を探す時間も消化する時間も節約できる。

そのため、現代では食べることにあまり時間を使わないのが常識《じょうしき》になっている。さらに、個《こ》人《じん》で好きなときに、好きな場所で、好きなように食べたいという欲求《よっきゅう》が高まって、一人で食べる人が増《ふ》えている。でも、それは「だれと」という課題を失《な》くしてしまうことにほかならない。

人間がゴリラとちがうのは、食べ物を囲んでいっしょに食べる食事を日常的に行うことだ。低地にすむニシローランドゴリラでわたしたちが発見したように、ゴリラもたまには食物を分配する。でも、ゴリラのオスはメスや子どもたちにせがまれないと分けないし、けっして進んで分けるわけではない。一方、人間はわざわざ食物を持ち寄《よ》って、調理し、みんなで楽しんで食べる。サルから見たら、なぜ強い人間が食物を独占《どくせん》しないのか不思議だろうし、ゴリラから見たら、なぜ人間はせがまれもしないのに食物を差し出すのか不思議だろう。

そう、人間にとって食事の時間は、信頼《しんらい》できる仲間が集《つど》う大切な機会なのだ。さらに言えば、食物を介《かい》して触《ふ》れ合うことで新たな仲間をつくったり、仲間関係を調整したりできる。いつのころか人間は、食物をコミュニケーションの道具にして、団《だん》らんという不思議な集まりを創造《そうぞう》したのである。

それが、コンビニエンスストアやインスタントフードという、便利で時間のかからない食品を得る方法が普及《ふきゅう》することによって、孤食《こしょく》という現象に変わり始めている。たしかに、孤食は人間関係のしがらみから解放《かいほう》され、時間を節約して自由になれるような気がする。でも、そのために親しい人や親しい関係を結びたい人と、楽しく時間を共有する機会を失っているということも事実なのだ。

ゴリラたちはいつもいっしょにいるけれど、食べるときにはけんかを避《さ》けて離《はな》れ合うのがふつうだ。人間はむしろ食べるときに集まる。それは食物を前にしてけんかをしない、平和な関係にある、ということを食事が前提《ぜんてい》としているからだ。こんな貴重《きちょう》な社会的な装置《そうち》を手放すなんて、人間てバカだなあ、とゴリラが言っているような気がする。

## ゴリラも人間も個性《こせい》を持って生きている

ゴリラたちは一頭一頭が、それぞれ個性を持った生き物だった。それは名前をつけてみるとよくわかる。わたしたちだって、人間とか日本人とか呼《よ》ばれて、ひとくくりにされたくない。ゴリラだってそうだ。

ゴリラにかぎらず、すべての生き物はそれぞれの個体が、個性を発揮《はっき》して生きている。わたしたち人間も、それをきちんと意識《いしき》して生き物と接《せっ》しなければならないと、気がついたのである。

最初ゴリラに会ったとき、わたしにはゴリラがすべて同じに見えた。でも、必死にそれぞれの個体の特徴《とくちょう》を覚え、一頭一頭に名前をつけてその行動を記録してみると、その個性がはっきりと見分けられるようになってきたのである。

たとえば、ヴィルンガ火山群《ぐん》でわたしが最初に仲よくなったピーナッツ集団は、6頭のオスゴリラだけでできていた。もっとも年上のピーナッツという名のオスは落ち着いていて、威厳《いげん》のあるシルバーバックだった。でも、のんびりしすぎていて、ゆっくり草を食べているあいだに、ほかのゴリラに置いてきぼりにされることもあった。少し年下のビツミーは活動的でよく動きまわるが、シルバーバックのくせにさびしがりやで、ほかのゴリラの近くにいたがる性格《せいかく》だった。その下のシリーはブラックバックでまだ青年だったが、空気を読むのがうまく、ほかのゴリラがトラブルになってけんかしそうになると、すかさず間に入って止める。年下のゴリラたちともよく遊ぶ面倒見《めんどうみ》のよいオスだった。その1歳《さい》年下のエイハブは人見知りで、最年少のタイタスとばかり連れ立って歩き、ほかのゴリラとはあまり接触《せっしょく》しなかった。7歳のパティはメスの名前がついたほどおっとりとしていて、いくぶん引《ひ》っ込《こ》み思案《じあん》で慎重《しんちょう》な態度《たいど》をとった。6歳のタイタスはやんちゃな少年で、だれとでも遊ぶし、いつも遊びの中心になる、みんなの人気者だった。わたしにもよく遊びを誘《さそ》いかけるので、いつもどこにいるか目を光らせていなければならなかった。

このように、6頭のゴリラはそれぞれ個性がちがう。しかし、正直言ってゴリラの個性はとても言葉では表現できない。ある程度のニュアンスが伝わるにせよ、その印象はあくまでわたしがゴリラとつきあって得たものだからである。ほかの人ならばゴリラの態度も変わるかもしれないし、印象もちがってくる可能性《かのうせい》がある。

人間でも同じではないだろうか。みんな親しい仲間はたがいに個性を知っていると感じている。でもそれをじゅうぶん言葉では言い表せない。「意地悪な人」とか「引っ込み思案な性格」とか「おしゃべりでなんでも首を突《つ》っ込む人」などと言うけれど、それはその人の一面にすぎない。わたしたちは自分の知っている性格の型に当てはめて人々を見ようとする。でも、その思い込みはたやすく裏切《うらぎ》られるし、人々はそんな型にはまりきらない個性を持っている。個性とはその人限《かぎ》りの独特なものであり、けっしてほかの人と同一視《どういつし》できるものではないからだ。むしろ、置き替《か》えがたい個性を認《みと》めているからこそ、わたしたちは親しくつきあえるのではないだろうか。

ゴリラの個性を知ってから、わたしは相手によって対応《たいおう》を変えるようになった。タイタスがいたずらっぽい目をして近づいてくれば、双眼鏡《そうがんきょう》やカメラを隠《かく》さないと奪《うば》われる。ピーナツが近づいてきたら、おそらくわたしの近くに彼の食べたい草があるのだろうと思って、場所をゆずる。彼らの個性がわかれば、行動を読んでなにをしたいか予想できる。わたしたち人間同士だって同じように相手の個性を知ったうえで、その行為を通して気持ちや意図《いと》を読んでいるにちがいない。

個性は言葉では説明できないことをゴリラは教えてくれた。でも、現代はなんでも情報《じょうほう》にして理解しようとするので、言葉に固執《こしつ》しがちである。いちいち自分や他人の行動の意味を言葉で説明する。そうしないとわかった気になれない。たとえば、親しい友達に無視されたとしよう。それは、もうよく知っているから省略《しょうりゃく》したのかもしれないし、忘《わす》れていただけかもしれないし、そばにいた別の友達に自分と親しいことを知られたくなかったのかもしれない。その態度がふだんとはちがうから、自分は確《たし》かめてみたいと思う。でも、それを確かめるのは言葉でしかできない。しかも、友達がその理由を答えたとしても、それがほんとうだったかどうか結局わからない。言葉を使っていると、どうしても言葉で理解したくなってしまう、それがかえって誤解《ごかい》や不信を抱《いだ》かせる結果になる。

ゴリラはそんな世界にすんでいない。ゴリラにとってみたら、目の前にいる相手の行動がすべてであって、それ以外に相手を理解する必要はない。もちろん、相手の個性を知っているからこそ即座《そくざ》に反応できるわけで、そもそも見知らぬ相手には近寄らない。だから、ゴリラはいつも仲間といっしょにいる。いっしょにいるからこそ、たがいにわかり合えるし、どんな行動でも理解可能なのだ。

人間は仲間といつもいっしょにいるわけではないし、見ず知らずの他人にたいしても、やさしく受け入れることができる。それは言葉でつきあうことを覚え、多くの人間とつきあう社会のルールを作ったからだ。ルールや言葉で、ある程度《ていど》人間は親しくなれる。しかし、ほんとうの信頼関係を抱くには、長い時間をかけておたがいの個性を知らなくてはならない。そうしてつくりあげた仲間関係には言葉はいらない。むしろ、言葉を手がかりにして、相手を深く知ろうとするのはしょせん無理なことなのだ。

# 自己主張《しゅちょう》って難《むずか》しい

ゴリラにいじめはあるの？　という質問をよく受ける。答えはノーだ。たとえば、第8章にガボン共和国のムカラバ国立公園で、右腕《みぎうで》の肘《ひじ》から先を失ったドドという3歳ぐらいの子どもゴリラが登場する。お母さんもいなくなってしまったので、ドドは生き延《の》びられるかどうか心配だった。右手をついて歩くことができず、木にも登れないドドは、自分ひとりで食物を探せない。さらに心配だったのは、年齢《ねんれい》の近いほかの子どもゴリラにいじめられるんじゃないかということだった。

でも、みんなの心配をよそにドドは立派《りっぱ》に成長した。それは、お父さんのパパ・ジャンティというシルバーバックの手厚《てあつ》い保護《ほご》があったせいでもあるのだが、ほかの子どもたちがドドをいじめることはいっさいなかった。なにより、ドドが自分の不遇《ふぐう》を深刻《しんこく》に受け止めず、いつも自分の力を精《せい》いっぱい出して生きようとしたことが、ドドの自立を助けたのだと思う。

障害《しょうがい》のある仲間に対して手を差し伸《の》べる人間とはちがい、ゴリラは積極的に助けたりはしない。パパだって、早く歩けないドドをじっと待っていてくれただけだ。ときおり木の上からフルーツのついた枝《えだ》を落としてくれたけれど、それがドドのために意図的にした行為だったたかどうかはわからない。でも、だからこそ、ドドはなんとか自分なりに歩いたり木に登ったりする方法を見つけだし、ほかの子どもに引けをとらないぐらいに成長することができたのだ。

ドドは子どもたちと遊ぶときだって負けてはいない。片手で相手に組みつき、相手が逃《に》げたら追いかけまわす。そんなとき、ドドの口から笑い声がもれ、ドドが楽しんでいるのがわかる。ほかの子どもだって、ドドが障害を持つことをわかっているが、だからといってことさらに手《て》加減《かげん》するわけではない。そもそも遊びというのは相手と自分との力関係を了解《りょうかい》しながら、たがいに抑制《よくせい》し、たがいに誘いかけることによって持続する。初めからルールがあるわけではなく、たがいに自分の力を誇示《こじ》しながら、盛《も》り上がっていく。そのように競い合うなかで、遊びのルールは自然に立ち上がっていくものなのだ。

ゴリラの子どもたちが遊ぶ様子をながめながら、ああこうやってゴリラは仲間との社会関係をつくっていくのだなと思った。ゴリラは自己主張が大好きだ。赤ちゃんのころから、ゴリラは胸《むね》をたたく。それは、人間の赤ちゃんが大きな声で泣くのに似《に》ている。ゴリラの赤ちゃんもそうしてみんなの注目を集めようとするからだ。でも、人間の赤ちゃんが不快感《ふかいかん》や不安感で泣くのにたいし、ゴリラの赤ちゃんは気分よく胸をたたく。そうして、集まってきた年上の子どもたちにたいして、ゴリラの赤ちゃんはいっしょに遊ぼうとするのだ。ゴリラの子どもたちは、遊びのなかで頻繁《ひんぱん》に胸たたきをして相手の反応を見る。相手も胸をたたけば、遊びは盛り上がる。「お山の大将《たいしょう》ごっこ」という遊びがあって、ゴリラの子どもたちが代わるがわる高いところに登って胸をたたく。人間の子どもは胸をたたく代わりに言葉を使うのだが、遊びの形式は同じだと思う。胸たたきはゴリラの自己主張の表現で、人間の言葉に代わる手段《しゅだん》なのだ。

胸たたきは、ゴリラのオスがおとなになって、ドラミングとして完成する。これは、①体を揺《ゆ》すりながら口をすぼめてホーホーと鳴く、②口に草や小枝をはさむ、③二足《にそく》で立ち上がる、④辺りの物をつかんで投げる、⑤両手で交互《こうご》に胸をたたく、⑥足で空《くう》をける、⑦突進《とっしん》する、⑧草木をなぎ倒す、⑨両手で思いきり地面をたたく、という9つの動作から成り立っている。いくつかの動作が省略されることもあるが、だいたいこの順番で決まったように行われる。大迫《だいはく》力《りょく》で、見ていてほれぼれとするぐらい美しい。日本の誇《ほこ》る伝統芸能《でんとうげいのう》の歌舞伎《かぶき》で有名な、「見得《みえ》」という所作《しょさ》にそっくりである。

19世紀の中ごろに、アフリカで欧米《おうべい》の探検家《たんけんか》が初めてゴリラに出くわしたとき、ゴリラのオスがドラミングをするのを見て腰《こし》をぬかすほど驚《おどろ》いた。ゴリラが攻撃《こうげき》してくると思って、思わず銃《じゅう》の引き金を引いたのだ。そして、ゴリラが戦い好きの恐《おそ》ろしい動物だと探検記に描《か》き、そのイメージが一般《いっぱん》に広がってしまった。おかげでゴリラは獰猛《どうもう》で危険《きけん》な猛獣《もうじゅう》というレッテルをはられ、１００年以上も厳重な檻《おり》に入れられて動物園に展示《てんじ》されることになったのである。その誤解が解《と》かれたのは、20世紀の後半になって野生のゴリラの調査《ちょうさ》が始まってからのことである。ドラミングはじつは自己主張であって、戦いの宣言《せんげん》ではなかったのだ。

人間の世界でも自己主張は難しい。主張しすぎると相手にきらわれるし、主張しなければ相手に無視される。相手の関心を引き出し、相手にきらわれないためにはどうしたらいいか、わたしたちはいつも悩《なや》んでいる。ゴリラのような胸たたきがあったらいいのに、と思うことがある。胸たたきは、相手とちょうどいい距離をとって自己を主張し、相手の関心と反応を引き出すとてもいい手段なのだ。人間は胸をたたく代わりに、言葉を投げかける。でも、言葉は意味を伝えるので、かならずしも自分の正直な気持ちが伝わるとは限らない。言葉が誤解されて、相手を傷《きず》つけてしまったり、相手の怒《いか》りを買うことになったりする。人間は言葉を持ったために、便利なこともできたけれど、かえってややこしいことも抱《かか》え込んだんだなあ、とつくづく思う。

## 仲裁上手《ちゅうさいじょうず》なゴリラたち

ゴリラを見ていて、とても驚いたことがある。シルバーバックのオス同士がけんかをしたとき、子どもたちがオスたちにしがみついてけんかを止めたのである。おかげで、シルバーバックたちは深い傷を負《お》わずに引き分けることができた。こんな光景はサルでは見たことがなかった。

ゴリラの調査をする前につきあっていたニホンザルでは、おとなのオス同士の争いに子どもたちが割《わ》って入ることはない。だって、自分より力の強いサルを止めようとしたら、逆《ぎゃく》に反発されて自分が傷つく恐れがある。だから、けんかに割って入って止めるのは、群《む》れの中でもっとも強いオスザルであることが多い。

サルがほかのサルのけんかに参加するやり方は、とても合理的だが、わたしはちょっとずるいと思う。サルたちがけんかを始めると、みんな勝ちそうなサルに加勢《かせい》するのだ。サルの間にはどのサルが強いか弱いかを認め合う順位があって、それをどのサルも熟知している。だから、けんかが始まると、周囲のサルはどちらが強いかを知っていて、強いサルに味方して弱いサルを攻撃する。勝ち負けを早く決めたほうがけんかは長引かずにすむからだ。たまに、ふだん弱いサルが力を増《ま》して勝ちそうになると、今度は手のひらを返したように周囲はそのサルに加勢する。負けたサルはしっぽを巻《ま》いて逃げ去り、勝ったサルと順位は逆転する。でも、こういった変動が起こると、群れ全体がざわざわと不安定になり、あちこちでいざこざが起こったりする。サルたちはそういった騒《さわ》ぎを避けたいので、なるべく順位に沿《そ》って勝ちそうなサルに加勢するのである。

でも、わたしにはそんなサルたちのやり方が弱い者いじめに見えてしまう。サルたちは強い弱いという順位の秩序《ちつじょ》を守ることが群れの安定をもたらすとして、勝ちそうなサルに味方するのだろう。人間はちがう。人間は平等意識が強く、体が大きいからといって上に立てるわけではない。体の大きい者も小さい者も、みんな平等につきあうことができるのが人間の社会だ。

サルのように勝ちそうなほうに味方するのは、ひきょうなやり方だと思う。だから、サルの社会は人間とはちがうと思っていたし、ゴリラもサルのように強いゴリラがいばっているんだろうと予想していた。

ところが、ゴリラはちがった。けんかをしても、体の小さなゴリラは敢然《かんぜん》と大きなゴリラに向かっていく。メスの体はオスの半分ぐらいしかないのに、オスに憤然《ふんぜん》として歯向かう。しかも、ゴリラには負けを認めるような表情がない。サルにはグリメイスという、歯をむき出す、一見人間の笑いに似たような表情がある。弱いサルが強いサルにおびやかされたときに見せる表情だし、けんかに負けると決まってこの表情を示《しめ》す。すると、勝ったサルはそれ以上攻撃することはせずに、自分の強さを見せつけるように肩を怒らせ、しっぽを上げて立ち去る。

チンパンジーにもグリメイスがあるが、ゴリラにはない。けんかに負けると低くうなって体を丸くしてうずくまるだけだ。これはそれ以上の攻撃から身を守る姿勢《しせい》だ。あるいは金切り声を上げて、周囲の助けを呼ぶ。すると、その声を聞きつけて、周囲のゴリラはゴッゴッと非難《ひなん》の声を発し、けんかがエスカレートしそうになるとみんなが割って入る。

その場合、割って入ったゴリラたちは、けんかをしているどちらのゴリラにも加勢しない。ここは、わたしの感心したところだ。ゴリラの仲裁は、どちらかに加勢して勝ち負けをはっきりさせてけんかを終わらせるのではない。けんか自体を止めることが目的なのだ。けんかをしているゴリラたちも勝敗をつけずに、メンツを保《たも》ったまま引き分けられる。そもそもゴリラの集団では、サルのような強い弱いといった順位がない。もちろん、体の大きさにはちがいがあって、それに応じて力の強さには差がある。でも、それを表面に出してつきあわず、たがいに対等であろうとするのがゴリラの社会の特徴なのである。

そんなゴリラの仲裁を見ていて、気がついたことがある。「勝とう」とすることと「負けまい」とすることはちがうということだ。

ニホンザルは勝ち負けを重視して、勝者に味方する。ゴリラは勝ち負けをつくらずに、けんかを止める。どちらを重視するかによって社会のつくり方がちがうのだ。ニホンザルは強い弱いがはっきりした階層《かいそう》社会、ゴリラはだれもが同じようにつきあおうとする対等社会をつくる。争い事をどうやって解決するかによって、社会のあり方はちがってくるのである。

さて、わたしたち人間はどちらの社会に住んでいるのだろう。日本にも「虎《とら》の威《い》を借《か》る狐《きつね》」ということわざがある。強い者の力を借りていばることをいう。サルの勝者びいきは、強い者にこびて弱い者をやっつけようとするのだから、このことわざに近い態度だろう。それはあまり感心しない行為だと考えられている。だとすれば、ゴリラの態度のほうが人間のめざす社会に近いのではないだろうか。

でも、気になることがある。どうも最近の日本社会では、勝つことばかりが礼賛《らいさん》されるようになってはいないだろうか。親たちも子どもが勝つことを奨励《しょうれい》して、学校の成績やスポーツの結果に一喜一憂《いっきいちゆう》する。でも、子どもにとって勝つことがじつは友達との関係をこわすことに、

# 第9章 ゴリラから教わったこと

親たちは気づいていない。勝つためには、サルのように相手を屈服《くっぷく》させ、相手に負けを認めさせねばならない。それに傷つき、恨《うら》みを抱いた仲間は去っていくかもしれない。でも、ゴリラのように「負けない」ことを目標にすれば、相手はメンツを保ったまま引き分けることができる。仲間を失うことなく、かえってけんかによって相手をよく知ることにつながる。

人間の子どもたちもおそらくだれもが、ゴリラのように負けたくないと思っている。でも、周囲が勝つことを奨励するので、勝とうと努力した結果、友達を失って孤独《こどく》になっているのではないだろうか。あるいは負けたくない思いが高《こう》じて、勝ち組についていじめに加わることになってはいないだろうか。勝敗にこだわらず、ゴリラのようにけんかを止めることに注意を向けるようにすれば、たがいに対等につきあえるのになあと思う。

## 子どもの成長にとって大事な時期がある

ゴリラの子どもの成長ぶりを見ていると、人間の子どもの不思議な特徴に気づかされる。ゴリラの赤ちゃんは生まれるときの体重が2キロ以下なのに、人間の赤ちゃんは3キロ以上もある場合が多い。ゴリラの赤ちゃんの体重はどんどん増えて5歳までに50キロに達する。でも、人間の赤ちゃんの成長はとても遅《おそ》く、5歳になっても20キロに達しない。おとなになると、ゴリラのオスは200キロ、メスは100キロを超《こ》えることがある。人間の倍近いか、それ以上だ。ゴリラは小さく生まれて、早く大きく育つ。人間は大きく生まれて、ゆっくり小さく育つ。なぜ、こんなちがいがあるんだろう。

　このちがいは脳《のう》の大きさと成長にある。人間の脳はゴリラの約3倍大きい。でも、生まれるときの大きさはゴリラの2倍もない。それは、生まれるとき、赤ちゃんの頭が通る産道がせまいためだ。700万年前に人間の祖先《そせん》は立って二足で歩くようになった。当時はゴリラと変わらない大きさの脳だったが、200万年前から脳が少しずつ大きくなり始めた。しかし、それまでの500万年のあいだに直立二足歩行によって骨盤《こつばん》がお皿状に変形して、上半身を支《ささ》えるように頑丈《がんじょう》になっていた。そのため、その中心部にある産道を大きくできない構造《こうぞう》になってしまったのだ。

　だから、人間のお母さんは大きな頭の赤ちゃんを産むことができない。産道を通れるほどの大きさの脳を持った赤ちゃんを産んで、その後急速に脳を成長させる。ゴリラの脳は4歳までに2倍になっておとなの大きさに達する。人間の脳は生後1年間で2倍になり、5歳までにおとなの脳の9割に達し、12〜16歳でおとなの脳の大きさになる。脳は活動を維持《いじ》したり、成長したりするためにとても多くのエネルギーを必要とする。成長期の子どもの脳は摂取《せっしゅ》するエネルギーの45〜80パーセントのエネルギーを使っている。人間の子どもは急速に成長する脳を守るために分厚い脂肪《しぼう》に包まれて生まれてくる。人間の赤ちゃんがゴリラより重たいのは体脂肪率が高いためなのだ。しかも、ゴリラの赤ちゃんが体の成長に使うエネルギーの多くを、人間の赤ちゃんは脳の成長に使う。だから、人間の子どもの成長は遅れるのである。

じゃあ、人間の赤ちゃんの乳離《ちばな》れはもっと遅くていいはずだ。ゴリラの赤ちゃんは3～4歳までお乳を吸《す》って育つ。離乳《りにゅう》したとき、ゴリラの子どもには永久歯《えいきゅうし》が生えていて、おとなと同じようにかたいものが食べられる。人間の子どもに永久歯が生《は》えてくるのは6歳になってからだ。ところが、人間の赤ちゃんは1～2歳で離乳してしまう。離乳してからしばらくはおとなと同じものが食べられず、離乳食をあたえなければならない。なんでこんな変なことが起こっているのか。

それは、人間がゴリラよりたくさんの子どもを産むためである。赤ちゃんがお乳を吸っているとお母さんは次の子どもを妊娠《にんしん》できない。そのため、ゴリラは4～5年に一度しか子どもを産めない。だから、同じお母さんから生まれたゴリラの兄弟や姉妹はずっと年が離れている。人間に年の近い兄弟や姉妹がいるのは、お母さんが短い間にたくさん子どもを産めるせいである。

そのちがいは、おそらくゴリラと人間のすんでいる環境《かんきょう》にある。ゴリラがずっとすみ続けているのはアフリカのジャングルで、強力な肉食獣《にくしょくじゅう》が少ない。たとえおそわれても、木の上に逃げれば地上性の肉食獣から逃《のが》れることができる。でも、人間の祖先が出ていったサバンナには、ライオン、ハイエナ、リカオンをはじめ、当時は大型の肉食獣がたくさんいた。しかも、サバンナには木がまばらなので、逃げ込む安全な場所が不足している。おとなばかりでなく、きっと赤ちゃんや子どもがおそわれて死亡率《しぼうりつ》が急上昇《きゅうじょうしょう》しただろう。そこで、たくさんの子どもを産んで人口を維持しなければならなくなった。そのために、授乳《じゅにゅう》する期間を縮《ちぢ》めて、次の子どもを産めるようにしたのではないか、というわけだ。

その結果、人間の子どもは離乳が早められ、永久歯が生えるまで乳歯で過《す》ごす長い離乳期ができた。この時期は自力で食物を見つけられず、しかもおとなとはちがうやわらかい物しか食べられない。みんなの助けを借りて食べさせてもらわなければ生きられない。ゴリラの子どもは、４歳になれば脳はおとなの大きさになるし、永久歯も生えて自活できる。人間の子どもはまだまだ独《ひと》り立ちができない。しかも、お母さんは次の子どもを妊娠したり、産んだりしているので、子どもに手が回らない。この時期は人間の子どもにとってとても危険《きけん》で、周囲が力を合わせて育てなければならない重要な期間なのだ。

脳の成長は、人間の子どもにとってもう一つ不安定で危険な時期をもたらす。12〜16歳に脳の成長が止まると、エネルギーを体の成長に回すことができるようになって、急に体が変わり始める。身長が急に伸び、体重が増え、女の子は体に丸みができて、男の子は声変わりしたりひげが生えたりする。おとなに近い体になって、おとなの社会の仲間入りを始める。でも、体とちがって心はそう急速には変われない。人間の社会はとても複雑《ふくざつ》で、いろんな知識や体験を積む必要があるからだ。

そのため、この時期に心と体のバランスをくずして、傷ついたり心を病《や》んだりする子どもが増える。自分の力を過信《かしん》して仲間とトラブルを起こしたり、野心を抱いて危《あぶ》ないことに挑戦《ちょうせん》したりして傷つく。あるいは、自分が周囲の期待に沿わないことに悩んだり、仲間から冷たい仕打ちに合ったり、孤独であることに耐《た》えられなくなったりする。この時期の子どもたちも、おとなや年上の経験を積んだ人々の助けが必要だ。

ゴリラの子どもたちだって、離乳期と思春期を経験する。でも人間の子どもたちに比《くら》べてそれはずっとおだやかで、期間も短い。そもそも子どもたちは生まれてからずっとおなじみの仲間に囲まれて育つので、仲間とのトラブルに悩む必要がない。でも、人間の子どもたちは育つ環境も、仲間たちもめまぐるしく変わる。そんなめまぐるしい変化のなかで自分をつくっていくのは、人間だけに課せられた難しい目標であるし、周囲の温かい支援《しえん》がなければ乗りきれないことなのだ。

それをわたしはゴリラの子どもの成長を見て学んだ。人間の子どもにとって、家族とそれを囲む共同体がとても大切であることに改めて気づかされたのである。

第10章

# 君たちはどう生きるか？

# 友達をつくるための心得

現代の若い世代は、友達をつくることに悩《なや》んでいることが多いようだ。少子化で兄弟姉妹が少ないし、学校でしか同世代とつきあわない。塾《じゅく》に行ったり、スポーツクラブやピアノ教室に通《かよ》ったり、とにかくいそがしい。たとえ友達ができても、すごくせまい範囲《はんい》のつきあいにすぎないので、クラス替《が》えや卒業などですぐに別れがくる。新しい友達をつくるのにまた苦労をする。新しい環境《かんきょう》になじめなくて、つい引きこもってしまう。そんな経験《けいけん》はないだろうか。

小学生から大学生まで、「友達をつくるためになにをしたらいい?」と聞いてみたことがある。多い答えは、「やさしく接《せっ》すること」「相手の言うことをよく聞くこと」「相手を理解《りかい》してあげること」だった。わたしは耳を疑《うたが》った。ほんとにみんな、そんな受け身で友達ができると思ってるんだろうか。きっと、日本の多くの子どもたちは小さいころから自分をかわいがってくれる人たちに囲まれて育ち、自分に関心を向けてもらう必要などなかったんだろう。でも、ひとたび故郷《ふるさと》を出て、ちがう土地に入ったり、海外に行ってみればわかるはず。なにもしなければ、だれも近づいてきてくれないし、下手《へた》にかかわろうとすれば、うとましく思われる。うつかりすれば、だまされてとんでもない目に遭《あ》う。それを防《ふせ》ぐためには、友達になれる人をよ

く見極め、その人にしっかり自己アピールすることが必要だ。

第9章で、「自己主張《しゅちょう》は難《むずか》しい」ということをゴリラから学んだ。人間の自己主張はもっと難しい。それは、人間が比較《ひかく》的自由に出入りできる集団《しゅうだん》をつくり、日常《にちじょう》的に人々が複数《ふくすう》の集団を渡《わた》り歩いているからだ。

ゴリラは10頭前後の集団をつくり、いつもまとまって暮《く》らしている。食べるときも、移動《いどう》するときも、寝《ね》るときもいっしょだ。数日間でも集団をはなれたら、もどることはできないし、外から入ってくるのも大変だ。オスはまず受け入れられないし、メスも入ってきたらとても周囲に気を使って小さくなっている。新参者《しんざんもの》のメスがみんなと打《う》ち解《と》けるのは、シルバーバックがやさしく受け入れるためだ。メス同士でけんかがあると、かならずシルバーバックが間に割《わ》り込《こ》んで止める。だから、メスたちは仲がいいとはいえないけれど、近くにいてもけんかをせずに暮らすことができる。わたしはそれを、「満員電車の他人のつきあい」と呼《よ》んでいる。

一方、人間の社会はたくさんの人を受け入れる。子どもたちだって、家族といっしょに寝起きをともにするが、一日中家族だけで暮らすことはめったにない。昼間は学校へ行くし、学校が終わればスポーツなどの課外活動をしたり、友達と遊んだり、塾に行ったりする。それぞれの場所で、ちがう仲間と、ちがうつきあいをする。それはゴリラには絶対《ぜったい》にできない。人間が持つ不思議な能力《のうりょく》のおかげだ。

人間は、小さいときからほかの人々の気持ちを読むようになる。目や顔の表情《ひょうじょう》、しぐさや態度《たいど》などを手がかりにして、周囲の人々がどんな気持ちでいるか、集団全体がどんな雰囲気《ふんいき》なのかを感じるようになる。だから、ちがった場所に行き、ちがった仲間に囲まれてもすぐにその雰囲気に同調することができるのだ。また、人々もそれぞれ顔ぶれのちがう集団で、いろいろな仲間と気分を変えてつきあうことができる。これは、人間の高い共感能力と同調能力のおかげだ。

でも、こういったつきあいはすでに知っている人々の間で起こることだ。新しい集団に入るとき、新しい仲間を受け入れるとき、どことなくぎこちない関係が生じる。それは、まだ新しい集団の雰囲気や、新しい仲間の個性《こせい》を飲み込めていないからだ。新しい仲間に囲まれたときはおとなしくしていて、みんなが自分を理解してくれるまでじっと待つ、という方法もあるだろう。それが日本では一般《いっぱん》的だ。だれもが同じ日本の文化の中で育っているという安心感があるから、みんな違和感《いわかん》を持たない。

しかし、日本でも文化のちがう地域《ちいき》からやってきたり、海外からやってきたりした場合はちがう。服装《ふくそう》や言葉や食べ物の好みがちがっていて、なかなかみんなと同調できない。肌《はだ》や目の色、髪《かみ》の毛の色や形がちがっていて、みんなの注目を集める。黙《だま》っていると、みんなの輪に入れず、置いてきぼりをくうはめになる。友達はできないし、下手をすればいじめに遭う。

そういうときはどうしたらいいか。自己主張をすべきである。でも、めだてばいいということではない。まず、自分がどういう人間であるかを明らかにする。みんなが近づきがたいと思っているのは、どんな場所からやってきてどんな経験を持つかを知らないからだ。つまり、どんな個性を持っているかがわからないから、つきあうことに戸惑《とまど》っている。だから、積極的に自分の体験や能力を示《しめ》したほうがいい。次に、自分が友達になりたいと思う仲間を見つけ、自分に関心を持ってもらうように働きかける。その場合、一対一で働きかけることが肝要《かんよう》だ。相手が集団でいれば、かならずほかの仲間に気を使うから、自分のほうを向いてはくれない。相手が一人でいるときに話しかければ、拒否《きょひ》することは難しい。そうして、いったん関心を持ってもらえば、あとはみんなが思うとおり、「やさしく」「理解する」ことが友達との関係を長続きさせるいい方法となる。わたしが言いたいのは、友達をつくろうとするとき、自分がどういう人間であるかをしっかり自覚して相手に伝え、その自分に関心を持ってもらうように働きかける必要があるということなのである。

## 孤独《こどく》を恐《おそ》れず楽しむ方法

さらに重要なのは、たとえ友達ができても、その友達に依存《いぞん》しすぎないようにすることだ。強い依存関係ができてしまうと、自分をつくれなくなる。あくまで、自分と友達はちがうということを前提《ぜんてい》につきあう必要がある。

子どもたちは成長する過程《かてい》で、周囲も自分も変わっていくので、独《ひと》りでいることに大きな不安を感じるようになる。地に足がついていないような感じで、ふわふわとどこかへ飛んで行ってしまいそうになる。そんな自分をしっかりつかまえていてくれるだれかが欲《ほ》しい。でも、親たちは自分とは年齢《ねんれい》も体つきも経験もちがうから、心を一つになんてとてもできない。やっぱり、同世代の同じ経験を共有できる友達でないとだめだ。だから、どこへ行くにもいっしょで、なにもかも分かち合いたいと思う。そんな友達ができればいいと思う。

しかし、それは大きなまちがいだ。そんなふうに友達を求めたら、自分の都合で友達をしばることになるし、自分だっていつも友達に合わせなければならなくなる。それは究極の不自由で、息がつまって、結局はけんか別れを招《まね》くことになる。

じゃあ、どうすればいいか。孤独を恐れず、あえて友達と距離《きょり》を置いて、たがいにちがいを認《みと》め合うことだ。たしかに、生まれや育ちや趣味《しゅみ》など共通点が多いほど親密度《しんみつど》が増《ま》すし、同調しやすいから友達になりやすいだろう。でも、自分と同じような相手といっしょにいても、自分の個性を発揮《はっき》できない。たがいに個性がちがうからこそ、それが組み合わさることでおもしろいことが創造《そうぞう》できるし、新しい自分を発見できる。自分と同じような相手だとつい距離が近くなる。ちがう相手だと、たがいの個性が発揮できるように、少し距離を置いて相手を見つめるようになる。それが、自分を発見することにつながるのだ。

第9章で、個性は言葉ではわからないことをゴリラから学んだ。自分を表現するのは言葉を使わなくていい。絵を描《か》いてもいいし、楽器を演奏《えんそう》してもいい。昆虫《こんちゅう》が好きだったり、星をながめるのが趣味だったり、料理が得意だったりしてもいい。なにか自分なりに行動を起こしてみることが個性を表すことになる。

人間は自分を自分で定義できない。自分で自分の顔を見ることができないように、なにかしている自分を外からながめることはできない。そんな自分を見ているのはつねに他人なのだ。わたしたちはほかの人が見せる表情や行為《こうい》を見て、自分も同じようなことをしていると感じるし、ほかの人の反応《はんのう》を見て自分がそういった行動をしていることがわかる。つまり、自分は他人によってしか定義できないということだ。自分の個性も、他人がそれをどう評価《ひょうか》してくれるかによって理解できる。「君って引《ひ》っ込み思案《じあん》だよな」とか、「意地が悪いね」とか、「おせっかいやきだよね」と言われて、ああそうなのかと思う。たとえ、自分ではやさしい性格《せいかく》だと思っていても、友達から指摘《してき》されるとそれが自分の勝手な思い込みだと気づく。

だから、いいも悪いも、友達にしっかり自分を見つめてもらって評価してもらったほうがいい。そのほうがほんとうの自分に出会える。あまり近づきすぎると、友達には自分が見えなくなり、正確《せいかく》な評価ができなくなるからだ。距離を置くのはそのためだ。

もし、友達の自分への評価がどうしても気に入らなければ、自分一人になる時間を多くとり、自分に向かい合ったほうがいい。その結果、友達が疎遠《そえん》になったり、だれも自分に興味《きょうみ》を示さなくなったりしても大丈夫《だいじょうぶ》。孤独になれるのは、自分の個性をつくるいいチャンスだ。人間は意識《いしき》を持った動物だ。意識とは自分がなにをしているかをわかっていること。そして、生き物は絶《た》えず変わっていく。人間は、なにかをしながら変わっていく自分を感じることができる。それが個性をつくる。

一人になって、仲間といっしょではできないことに挑戦《ちょうせん》してみるのもいい。友達に笑われるからとか、変に思われるから、と思ってひかえていたことを思いきってやってみるのだ。動物を飼《か》ってもいいし、野菜や果物を栽培《さいばい》するのもその一つだ。彫刻刀《ちょうこくとう》を持ってなにかを彫《ほ》りあげてみたり、本棚《ほんだな》を作ったり、ろくろを回して陶器《とうき》を焼いてもいい。星を観察したり、釣《つ》りにこったり、昆虫を集めたり、世の中にはたくさん興味を引くことが散らばっている。そうしたことを自分なりに試《ため》してみて、自分の好きになりそうなことを見つけるのだ。それが個性の一部となる。

自分に向かい合ってみると、自分が他人とちがうところがよくわかる。髪の毛が縮《ちぢ》れていたり、色が黒かったり、足が短かったり、太っていたり、足が遅《おそ》かったり。つくづく自分の体や性格がいやになることもあるだろう。しかし、どんなにいやになっても、それは自分の個性の一つであるし、他人と比《くら》べるからそう見えるだけだ。わたしはアフリカで暮らしたとき、それまでの自分が一変したような気がした。だって、みんな自分より黒いし、足も長い。そこでは太っていることが金持ちや美人の証《あかし》だし、長すぎる足がやっかいだと思っている人が多い。日本とはまったく常識がちがうのだ。日本で悩んでいたことがふっ飛んでしまう。生まれ持った自分の特徴《とくちょう》には一生つきあっていかねばならないし、それを長所として生かすことが大切だ。

たとえ、事故や病気で障害《しょうがい》を負《お》ったとしても、それも個性と見なすことが必要だ。第8章で紹介した子どもゴリラのドドは、まだお乳《ちち》を吸《す》っているころに右腕《みぎうで》の肘《ひじ》から先を失ったし、お母さんもいなくなってしまった。でも、仲間たちに支《ささ》えられて自分なりの歩き方や木登りの方法を見つけ、たくましく生き始めた。ドドはけっしていじけていないし、ほかの子どもと積極的に遊ぶ。「あるがままの自分を生きる」というのがゴリラ流の生き方だと思う。

自分にじっくり向き合っていると、自分の短所が長所に見えてくることがある。それを大事にして仲間とつきあい直すことが必要だし、場合によっては仲間を変えてもいい。長い人生のあいだにはいろんな出会いやつきあいがある。今いる世界だけが自分の住む場所ではない。「捨てる神あれば、拾う神あり」という言葉があるが、自分を失わないでいれば、きっとどこかで気の合う人とめぐり合えるはずだ。大切なことは、人々とつきあうことをやめずに、自分を表現し続けることだ。それしか自分を磨《みが》き、成長した自分に出会える方法はない。

## わたしたちは「信頼《しんらい》」という物語の世界に住んでいる

さて、本書を読んで、友達をつくるには自分の個性を発揮することと、相手の個性を知ることが大事だとわかったと思う。それは言葉や情報《じょうほう》だけでは得られない。直接会って、いっしょに時間をかけてなにかをいっしょにしながら感じるしかないのだ。

スマホやメールで情報をやり取りするのは、親しい友達をつくってからでいい。親しくなろうとしてスマホを多用しても、うまくいくとは限《かぎ》らない。相手の言っていることが正しいかどうか、相手がどんな気持ちで言っているのか、なぜこんなことを言うのか、疑いだしたらきりがない。相手の個性を知っていれば、情報をやり取りしながら相手の顔が浮《う》かぶから、だいたいのことは想像《そうぞう》できる。それでも、「百聞《ひゃくぶん》は一見《いっけん》に如《し》かず」で、親しい相手が言っていることでも直接会っていっしょにその状況《じょうきょう》を確《たし》かめないと、思いがすれちがったり、誤解《ごかい》が生じたりする。

ふだん意識してはいないが、わたしたちは「信頼」という物語の世界に住んでいる。そこには一般的な信頼と個別的な信頼がある。一般的な信頼というのは、自分が暮らしている社会への信頼で、わたしたちの日常的なふるまいに関するものである。たとえば、わたしたちはレストランに行って食事をしたり、コンビニエンスストアで食料品を買ったりするさいに、まさか毒や針《はり》が仕込まれているとは思わないだろう。さらに、横断歩道《おうだんほどう》で信号待ちをしているときや、プラットホームで電車を待っているとき、まさか後ろから押《お》されるとは思っていないだろう。こういったことはまずこの社会では起こらないという、一般の人々への信頼がわたしたちの暮らしを支えている。でも、和歌山《わかやま》でカレーに毒が盛《も》られていた事件や、過去《かこ》にあちこちのスーパーマーケットで食品に針が混入《こんにゅう》していた事件など、悪意があれば人々を傷《きず》つけたり殺したりすることが可能《かのう》だ。白昼《はくちゅう》に見知らぬ人にナイフで切りつけられたりすることがあるので、安心してもいられない。いったん、こうした信頼感がこわれれば、わたしたちはレストランで食事をすることも、往来《おうらい》を歩くことさえできなくなる。だからこそ、このような犯罪《はんざい》はみんなが共同で暮らしている社会の信頼を根底からくずすことになるので、厳《きび》しく取《と》り締《しま》らなくてはならないのだ。

もう一つは、個人的な信頼で、顔を知っている仲間同士のものだ。これは5人を核《かく》として、3倍で増《ふ》えていくという仮説《かせつ》がある。5人ぐらいがもっとも親しい仲間で、なにか困《こま》ったことがあれば、すぐに相談できるし、自分のことを親身になって助けてくれると思っている。これは家族であったり、毎日顔を合わせる友達であったりする。性格も能力もよく知っている間柄《あいだがら》で、なんの疑いもなく頼《たよ》れる。この仲間を持てるかどうかが、社会生活を送るうえでとても重要だ。

その外側に、この5人をふくむ15人ぐらいの仲間がいる。これはなにかをいっしょにする間柄で、たとえばクラブ活動とかスポーツとか体を同調させる仲間だ。たとえば、サッカーなら11人、ラグビーなら15人がチームを組むが、チーム全体がまるで一つの生き物のように動ける。その外にはこの15人をふくむ30～50人ぐらいの仲間がいる。これはクラスの仲間だ。みんな顔見知りだから、だれとだれとがどういう関係であるかをみんなが知っている。だれかがいないとすぐにわかる。だれかが手を挙《あ》げて提案すれば、クラス全体がまとまって動ける。だからこそ、先生やホームルーム委員長がみんなに指示《しじ》を出したり、みんなの意見をまとめたりできる。

そして、この3倍の150人がどうやら個人的な信頼を寄《よ》せられる上限《じょうげん》らしい。わたしは、年賀状《ねんがじょう》を書くときに顔が目に浮かぶ人の数と言っている。名前ではなく顔が浮かぶというところが重要で、それは過去にいっしょになにかをしたり、喜怒哀楽《きどあいらく》をともにしたりした間柄ということだ。つまり、スマホなどの通信機器だけでつながっているのではなく、体でつながった経験が必要なのである。

イギリスの人類学者ロビン・ダンバーは、サルや類人猿《るいじんえん》の脳《のう》の大きさと集団の大きさとの間に対応関係があることを発見した。たとえば、人間の脳はゴリラの脳の3倍大きい。ゴリラの集団の平均《へいきん》的な大きさは10〜15頭で、これを脳との対応関係を表す係数に当てはめると、人間の脳に合った集団の大きさは150人になる。もともと人間の祖先《そせん》の脳の大きさはゴリラ並《な》みで、200万年前から大きくなり始め、20万年前に現れた現代人ホモ・サピエンスで今の大きさになった。今から1万2000年前の農耕《のうこう》・牧畜《ぼくちく》の開始まで、サピエンスは狩猟採集《しゅりょうさいしゅう》生活をしていた。現代の狩猟採集民の村の規模《きぼ》もだいたい150人という報告《ほうこく》がある。つまり、農耕・牧畜の開始以後に急速に集団の大きさは増加《ぞうか》したものの、いまだに人間の脳は150人ぐらいの人々と暮らすようにできているということなのだ。

現代はスマホやインターネットなどの情報機器を使って、さらにつきあう人の数は増えている。ツイッターやフェイスブックで一度に数千、数万の人々と交信することも可能だ。しかし、だからといって150人を超《こ》える人々と簡単《かんたん》に個人的な信頼関係を結べるわけではない。情報機器を通じてつながる人々と、顔や性格を知って信頼関係を結ぶ人々とを分けて、ちがうつきあいをしなければならない時代なのである。

たとえば、150人の外にいる名前だけの仲間とは、それぞれが都合のいい情報を交《か》わし合うだけにとどめるべきだ。おたがい、相手の暮らしに深入りせず、悩みも相談するべきではない。きわめてドライにつきあうことを心がけたほうがいい。

150人に入る仲間は、少なくとも個別の信頼を寄せる相手だ。おたがいの暮らしや事情や性格をよく知っていて、相談ができる間柄である。だから、頻繁《ひんぱん》に連絡《れんらく》を取り合う必要がある。人間は生き物だから日々変化しているし、人間はあちこち移動していろんな人々と接するから、近況報告をしておかないとその変化が読めない。とくに、もっとも親しい5人の仲間やチームワークを組むことができる15人の仲間は、特別に気を使う必要があるだろう。それこそかれらは自分の犠牲《ぎせい》をいとわず尽《つ》くしてくれる仲間であり、生きていくうえでかけがえのない存在である可能性が高いからだ。こうした仲間には誠実《せいじつ》に接しなければならず、だましたり、悪事に引き込んだりするのはもってのほかである。情報機器は頻繁に連絡を取り合うのには便利だが、信頼関係を保《たも》つにはやはり直接会って親交を深めなければならない。家族は長期間会わなくても信頼関係は切れないが、友達は会えなくなると関係が希薄《きはく》になる。むしろ、親しい友達関係は、頻繁に会うようになる新しい友達に取って代わると思っていたほうがいい。

## 自分を自覚し自立するために

では、この二つの信頼をうまく使って楽しく生きるためにはどうしたらいいか。それにはまず、自然の中に一人で踏《ふ》み入って、さまざまな動植物とつきあってみることをすすめよう。

どんな自然でも、そこにはもとからいる生き物たちのルールがある。春になれば植物が芽を出し、花を咲《さ》かせ、そこにいろんな虫たちがやってくる。幼虫《ようちゅう》は葉っぱを食べて蝶《ちょう》や甲虫《こうちゅう》になり、花のみつや樹液《じゅえき》を食べて花粉《かふん》を運ぶ。それらの虫を食べに鳥たちが舞《ま》い降《お》り、縄張《なわば》りを構《かま》えてラブソングを歌う。動物たちは鳥が落としたフルーツをかじり、地面を掘《ほ》り返してミミズや虫を食べる。

そんな中に突然《とつぜん》人間が足を踏み入れたら、虫や鳥や動物たちはみんな驚《おどろ》いて動きを止めてしまう。自分のペースで歩き続けたら、植物とそこに息をひそめて体をかたくしている動物しか目にとどめることはできない。彼らの動きを見ようと思ったら、自分もその世界の住人としてのルールを守らなければならないのだ。まず、立ち止まってじっと動かずに待ってみることが肝要だ。そうすれば、動物たちは動きだすので、それらの動物の動きに合わせて自分も動いてみる。すると、動物たちが見たり感じたりしているものが見えてくる。彼らだってむやみやたらに動いているわけではない。それぞれに目的を持って動いているから、その動きに合わせれば彼らの目的も見えてくるのだ。そういった多くの動物の動きが交差するところに、その世界のルールがある。それを感じるには、言葉ではなく五感を用いた直観力《ちょっかんりょく》が必要だ。そして、その体験は人間の世界でもおおいに役に立つことになる。

たとえば、日本を出てフランスへ行ったとしよう。まず面食《めんく》らうのは交通法規だ。日本では車は左側通行だが、フランスでは右側。だから、道路を渡るときは右を見て左を見るのではなく、左を見て右を見ないといけない。買い物をしておつりを計算するとき、日本では引き算だが、フランスでは足し算だ。つまり払《はら》った金額《きんがく》から買った金額を引くのではなく、買った金額におつりを合わせて払った金額にして返してくれる。人々はあいさつをするとき、日本のようにおじぎをするのではなく、軽く握手《あくしゅ》をして、ほっぺたに代わるがわるキスをする。こういうルールや習慣《しゅうかん》に慣《な》れないと、なかなか安心してスムーズに暮らせない。それを言葉で理解しても、なかなか身につかない。直観力で素早く身体化するには、自然でつちかった経験がものをいうのだ。

日本の中でも地域によってさまざまな慣習やルールがある。それはしぐさや態度に現れるのだが、文字には書いていないし、情報として共有されているわけではない。みんなが無意識のうちに行っているので、その地域にとっては常識だが、新参者にとっては非常識ということが

ありえる。それを素早く見抜き、言葉ではなく体でルールを覚えていくことができれば、地域の文化に早く溶《と》け込めるようになる。

その場合、大切なことは小さなまちがいを犯《おか》してもいいから、決定的な大失敗をしないことだ。フランスで日本と同じように道路を渡ろうとしたら、車にひかれる危険《きけん》が増す。だから、道を渡る前に「まてよ」と思って一瞬《いっしゅん》止まる必要がある。そうすればまちがえていても、車にひかれることはまぬがれる。このとき、しっかりとした意識を持ち、つねに自分がしていることを見つめている態度が必要だ。つねに情報に頼っていると、これがおろそかになる。スマホのナビが示しているとおりに行動して、思わぬ事態におちいったりする。スマホはこれまでにあたえられている情報から現在の解決策《さく》を導《みちび》き出しているので、現在の状況をはっきり見定めているわけではない。自分で判断に迷《まよ》った場合、情報に聞くのはいいとしても、最終的には自分で状況を見極めて決断することが重要なのだ。それは、五感を駆使《くし》した直観力に頼るしかない。そして、情報ではなく、自分で最終判断《はんだん》を下《くだ》したことによって、自分に対する自信と自己決定力がついてくる。

自分に対する自覚と判断力は、個別的な信頼関係にとってはさらに重要になる。一般的な信頼関係とちがって、それはあくまで自分と相手だけのものである。そこには見ず知らずの他人が入り込む余地《よち》はないし、一般的な規則が成り立つ世界でもない。しかし、ややもすると自分と相手が一体になりすぎてしまい、自分一人で判断できなくなる。そうなると、四六時中相手のことが気になり、絶えずスマホでつながっていないと気がすまなくなる。そして、何事も自分だけで判断できずに相談することになる。昔はせいぜい固定電話しかなかったから、そう頻繁に相手とつながることができなかったが、今はスマホでいつでもどこでもつながれるので、うっかりすると自分にもどれなくなってしまう。

これはとても危険なことだ。ゴリラたちを思い出してほしい。ゴリラたちはいつもいっしょにいて、おたがいのことに注意を払っている。だから、なにかが起これぱラグビーのチームのようにまとまって動ける。でも、体でつながっているだけだから、短期間でも離《はな》れれば、まったく別人のようによそよそしくなってしまう。母親だって子どもが乳離れをすれば、子どもを構わなくなり、子どもを置いてあっさりとその集団を離れてしまうことがある。人間から見て冷たいように見えるが、これが自立するということなのだと思う。つまり、いっしょにいる間はたがいに気を使い合うが、自立したくなれば距離を置くだけで、きれいさっぱりそれまでの関係を解消してしまうことができるのだ。

人間はそうはいかない。どこへ行っても所在《しょざい》は知れてしまうし、スマホでつながっている限り関係は切れない。とりわけ、言葉という魔物《まもの》がいつもつきまとう。「信じていたのに」とか、「親友だよね」とか、「いつも頼りにしているから」といった言葉にからみ取られて、いやになってもなかなか友達関係を解消できない。でも、いつまでも同じ人間と同じようにつきあっているのは、たがいに進歩の道を閉《と》ざされていることに等しい。自分が変わろうとしても、相手がそれを許《ゆる》さないことが多いからだ。親しい友達といっしょにみんなで変わることができればいいのだが、それぞれ個性がちがうのでそうはいかない。また、個性が尊重《そんちょう》されないようでは変われない。人間は個別に成長し、それぞれちがう個性をつくっていくものなのだ。

だから、親しい友達をつくったら、言葉で相手をしばるようなことをなるべく避《さ》けるべきだと思う。もちろん、恋愛《れんあい》感情はそうはいかないだろう。その関係はこれから家族の関係に発展するものだから当然だ。でも、友達と親しい関係を持続させようと思ったら、たがいに対等な立場でものが言えるような関係を築《きず》いてほしい。依存し合う関係を持ちすぎると負担《ふたん》が増え、それがたがいの自由をしばる。信頼とは相手に過度の期待を寄せることではなく、たがいが自立した存在であることを認めることによって強まる。そのうえで、直面する問題を共有することが大切だ。

個別の信頼とは意識してできるものではない。いっしょになにかをしながら感情を交わし合ううちに自然に立ち上がっていくものなのだ。そのとき、相手を見ている自分、相手に見られている自分に気づき、自分というものの輪郭《りんかく》がしだいに見えてくる。だから、友達をつくりたいと思ったら待っているだけではいけない。積極的に自分を見せ、相手といっしょに行動することによって信頼の気持ちを抱《いだ》くのだ。それは言葉や情報ではなく、体で納得《なっとく》するものでなければならない。

# 野生の心を持って旅立とう

わたしは京都大学の総長《そうちょう》になってから、大学はジャングルのようなものだと言ってきた。熱帯のジャングルはこの地球の陸上でもっともたくさんの種類の生き物が暮らしている場所である。大学もそうだ。いろんな学部や大学院に世界各地から学生が集まり、じつに多種多様な学問が行われている。ジャングルの生き物たちがおたがいをよく知らないように、大学の中でも人々がよく知り合っているわけではない。でも、いろんな機会にさまざまな出会いがあって、新しい関係が生まれる。そこでは予想もつかない、未知の個性の組み合わせができ、これまでにはなかったことが起こる。だから、ジャングルも大学もおもしろい。

ただ、そういった出会いを経験するには、自分をしっかりと意識し、新しいことにつねに目を向けていなければならない。そして、未知のことを受け入れる心の余裕《よゆう》と、今まで経験したことのない現象に対処《たいしょ》できる直観力を持たなければならない。そのためには、100パーセント確実なことをやるのではなく、小さな失敗を恐れずに挑戦する野心が必要だ。

大学は社会や世界に通じる「窓《まど》」でなければならないとわたしは思っている。その窓にちなんで、WINDOW《ウィンドー》構想を立ち上げ、それぞれのアルファベットを使って目標をかかげた。最初のWはWild《ワイルド》 and《アンド》 Wise《ワイズ》野生的で賢《かしこ》くなろう、である。これからの世の中は知識だけでは活躍できない。常識を破《やぶ》り、未知へ挑戦する野心が必要だ。でも、それは独りではできない。信頼できる友をつくり、いっしょに壁《かべ》を破って飛びだすことが望ましい。みんなで一つのことをめざすのではなく、それぞれがちがう目標を持ち、たがいに励《はげ》まし合いながら飛躍《ひやく》するのである。

第9章で、人間の成長には二つの危《あぶ》ない時期があることを述《の》べた。最初の危機は離乳《りにゅう》期、第2の危機は思春期だ。大学に入る前、中学校や高校のころに、みんな第2の危機を経験する。高校や大学に行かない子もいるだろう。そういう子たちにとっても、これから経験する世界は大小のジャングルだと思ったほうがいい。ゴリラの子どもたちも思春期に親元を離れる。人間の子どもも、この時期にゴリラと似《に》た社会関係から脱《だっ》し、人間としての能力に目覚めて旅立つ季節といえるだろう。

人間の子どもは、思春期までゴリラのように、日々心身を仲間と同調させて暮らしている。毎日同じクラスの仲間といっしょに授業《じゅぎょう》を受け、クラブ活動をして喜怒哀楽をともにしてきた仲間がいる。同じ地域の出身で、社会的背景《はいけい》も似ていて、年齢も同じだから意気投合しやすい。だから、友達のことはすぐに自分のことのように思えるし、自分の悩みも相談しやすい。そういった仲間と離ればなれになるのは耐《た》えがたいと思うだろう。ゴリラもそうだ。ゴリラの子どもたちが思春期になるまで生まれ育った集団を離れないのは、仲間と一心同体であることが心地よいからだ。

でも、これからはちがう。ゴリラのメスもオスも生まれ育った集団を離れるように、人間の子どもたちも旅立たなくてはならない。人間の旅はゴリラとはちがう。ゴリラはいったん集団を離れれば、親とも元の集団とも断絶《だんぜつ》してしまうが、人間は旅立ってもまたもどってくることができる。そして、それぞれの新しい経験を語り合い、それをまた自分の力にできるのだ。「竹馬《ちくば》の友」は一生続くといわれる。それは幼いころに心身を一体化させた間柄であり、疑いもなく信頼できる相手だからだ。ゴリラにはそういう仲間はいない。つねに、今つきあう相手を信頼して生きるだけだ。

人間は信頼できる仲間を150人まで持つことができる。しかも、それはつねに顔を合わせる必要のない仲間だ。だからこそ、人間は自分というものを保っていられる。前にも述べたように自分は自分で定義できない。仲間がつくってくれるものだ。故郷《ふるさと》から遠くはなれて見知らぬ人たちに囲まれたとき、自分を見失っても、幼なじみの友達の顔が頭に浮かび、自分を取りもどすことができる。それが人間の強みであり、未知の世界に挑戦できる源泉《げんせん》だと思う。

第2の危機の時期、すなわち思春期は、どういう自分を自覚するか、仲間にどう支えられる自分を意識するか、ということがとても大事だと思う。でも、それができなかったらどうしよう、などと悩む必要はない。友達はつくろうと思えばいつだってできる。ただ、信頼を持つにはいっしょになにかをすることと、時間がかかることを覚悟《かくご》しなければいけない。そして、相手にあまり依存しすぎず、あまり期待しすぎない、適当な距離を保つことが必要だ。そのためにはスマホなどの情報機器に頼りすぎずに、直接会って生き物としての個性を尊重し合うことに心がけよう。

親しい友達をつくるいちばんいい方法は、いっしょに食事をすることだとわたしは思う。前にも言ったように、食事は人間だけがつくりだした平和で対等なつきあいである。サルやゴリラの仲間である人間には、毎日食事をしなければならない生理的な事情がある。しかも、人間だけがそれを友達との関係をつくったり調整したりするコミュニケーションに使うことができるのだ。いっしょに食べることによって、相手と対面できる時間を長く持ち、相手の個性を知ることができる。個人的な話を通じて、相手の出身や成長の歴史や好ききらいを知ることができる。初めて会う人でも、食事によって打ち解けて、次になにかをいっしょにする相談まですることができる。こんなすばらしい手段を使わない手はない。食事という手段を知っていれば、どこへ行っても友達をつくることができるのだ。

さあ、みんなゴリラのような負けずぎらいの心を持って旅立とう。それは新しい世界をあたえてくれるかもしれないし、元いた世界を見直すきっかけになるかもしれない。いずれにしても、旅立った君は新しい自分に気づく。それが自分を成長させ、そして世界を変えていく一歩になる。その生き生きとした流れに誇《ほこ》りを持って積極的に参加することこそ、人間の生きる意味なのだと思う。

## マウンテンゴリラ

標高2000～4000mの高地にすみ、薄《うす》い空気を大量に吸《す》い込《こ》めるように胸《むね》が大きい。毛が黒くて長く、顔が丸く、鼻がひしゃげている。地上で過《す》ごすことが多く、草や葉を食べ、地上にベッドを作って眠《ねむ》る。ときおりオスが成《せい》熟後《じゅくご》も集団《しゅうだん》に残り、複数《ふくすう》のオスを含む50頭を超《こ》える大集団やオスだけの集団が見られることがある。メスは単独《たんどく》で集団間を渡《わた》り歩く。

## ヒガシローランドゴリラ

標高600～3000mの山地にすみ、ゴリラの中でもっとも大きい。毛が黒く短く、顔が長くて鼻筋《はなすじ》が通っている。果実、草、葉、アリなど多様な食物を食べる。10～20頭の集団で暮《く》らし、まれにオス２頭を含む集団ができる。オスは成長するとメスを連れて出ていき、自分の集団をつくることが多い。メスは子どもを連れて複数で集団を渡り歩くことがある。

安藤智恵子撮影

## ニシローランドゴリラ

海岸線から標高1000mの平地や山地にすみ、毛が茶褐色《ちゃかっしょく》～黒色で短く、頭の毛が赤いことがある。顔が丸く、鼻の先に小さな突起《とっき》がある。果実を主食にして、葉や昆虫《こんちゅう》など多様な食物を食べる。１頭のオスを含む10頭前後の小さな集団で暮らし、よく木に登り、樹《じゅ》上《じょう》にベッドを作って寝《ね》る。水を恐《おそ》れず、水遊びが好きで、腰《こし》までつかって川を渡る。

# ゴリラの分布図

アフリカの熱帯雨林に西はニシゴリラ、東はヒガシゴリラの２種に分かれて分布する。ゲノムのちがいから約175万年前に分かれたと推定《すいてい》されている。さらにニシゴリラは、７か国にまたがる広い分布域《ぶんぷいき》を持つニシローランドゴリラとカメルーンとナイジェリアの国境付近にすむクロスリバーゴリラの２亜種《あしゅ》に、ヒガシゴリラはコンゴ民主共和国の東部にすむヒガシローランドゴリラと、３か国の国境付近に分布するマウンテンゴリラの２亜種に分類される。

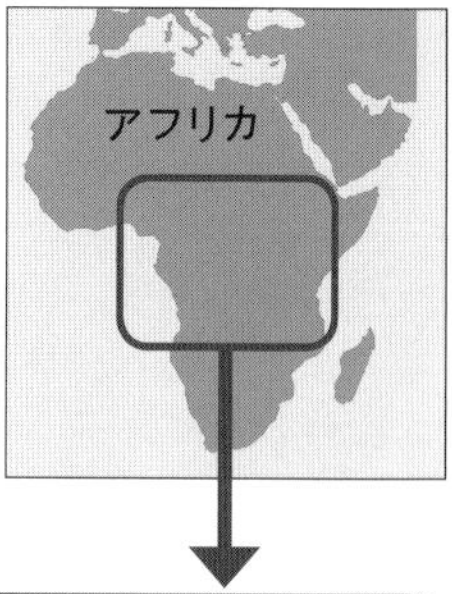


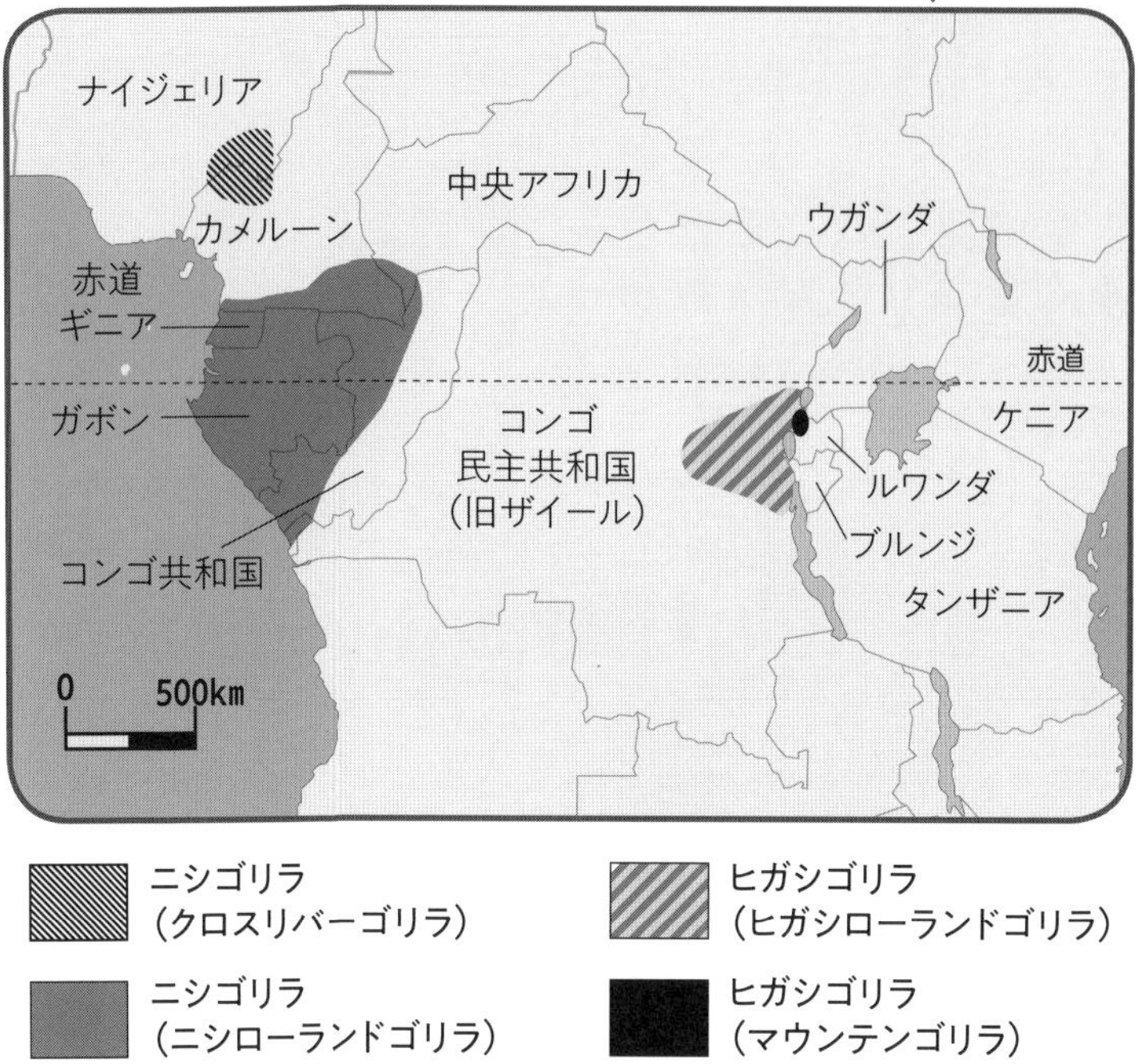

## 山極寿一（やまぎわ・じゅいち）

1952年東京生まれ。京都大学理学部卒業、同大学院理学研究科博士課程退学、理学博士。㈶日本モンキーセンターリサーチフェロー、京都大学霊長類研究所助手、京都大学理学研究科助教授、教授を経て、2020年９月まで同大学総長を務める。国際霊長類学会会長、日本学術会議会長を歴任。現在、総合地球環境学研究所所長。アフリカ各地でゴリラの行動や生態をもとに初期人類の生活を復元し、人類に特有な社会特徴の由来を探っている。『ゴリラからの警告「人間社会、ここがおかしい」』（毎日新聞出版）、『15歳の寺子屋　ゴリラは語る』（講談社）、など。

## 人生で大事なことは みんなゴリラから教わった

2020年8月20日　第１刷発行
2024年4月10日　第７刷発行

著　者　山極寿一
発行者　木下春雄
発行所　一般社団法人 家の光協会
〒162-8448 東京都新宿区市谷船河原町11
電話　03-3266-9029（販売）
03-3266-9028（編集）
振替　00150-1-4724

印刷・製本　株式会社リーブルテック


ISBN978-4-259-54773-8　C0095